Ripandeep Singh

Processamento por fricção de ligas de alumínio

Ripandeep Singh

Processamento por fricção de ligas de alumínio

ScienciaScripts

Cover image: www.ingimage.com

This book is a translation from the original published under ISBN 978-620-2-07333-2.

Publisher:
Sciencia Scripts
is a trademark of
Dodo Books Indian Ocean Ltd. and OmniScriptum S.R.L publishing group

120 High Road, East Finchley, London, N2 9ED, United Kingdom
Str. Armeneasca 28/1, office 1, Chisinau MD-2012, Republic of Moldova, Europe
Printed at: see last page
ISBN: 978-620-7-80457-3

ÍNDICE

RESUMO 2

CAPÍTULO 1 3

CAPÍTULO 2 25

CAPÍTULO 3 40

CAPÍTULO 4 55

REFERÊNCIAS 62

RESUMO

A necessidade de materiais estruturais de baixo peso e elevado desempenho revolucionou a tecnologia e levou ao aparecimento de novos processos e metodologias. O processamento por fricção (FSP), baseado no princípio da soldadura por fricção, é um processo emergente de trabalho de metais em estado sólido. Esta técnica provoca uma intensa deformação plástica e elevadas taxas de tensão no material processado, resultando num controlo preciso da microestrutura através da mistura e densificação do material. O processo FSP tem sido utilizado com sucesso para obter um refinamento significativo do grão e melhorar as propriedades da superfície.

O presente trabalho centra-se no estudo do comportamento da liga de alumínio fundido (Al-6063) processada pela técnica de processamento por fricção. Foram examinadas amostras de alumínio fundido por FSP e as suas microestruturas, microdureza, dureza Rockwell, resistência ao impacto foram estudadas e comparadas com o metal de base Al-6063.

O aparelho de ensaio de dureza é utilizado para avaliar a ligação interfacial entre as partículas e a matriz através da indentação da dureza com carga constante e tempo constante. O ensaio de impacto é utilizado para conhecer a resistência ao impacto das amostras contra o impacto de um martelo.

CAPÍTULO 1

INTRODUÇÃO

1.1 Processamento por Friction Stir

O FSP é a técnica de fabrico utilizada para modificar a microestrutura dos metais. Neste processo, uma ferramenta rotativa é penetrada na peça de trabalho e movida na direção transversal.

Além disso, a técnica FSP é utilizada para o fabrico de compósitos de superfície em substrato de alumínio e homogeneização de ligas de alumínio para metalurgia do pó, compósitos de matriz metálica e ligas de alumínio fundido. Através deste processo, as propriedades do material podem ser melhoradas devido à melhoria da estrutura do grão. Com esta técnica, o material tem mostrado boa resistência à corrosão, alta resistência e alta resistência à fadiga.

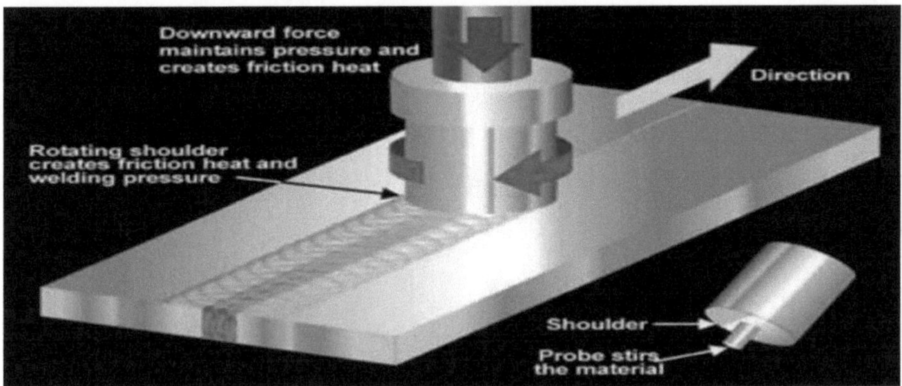

Fig 1.1 Um processo FSP *(http://en.wikipedia.org/wiki/Friction_stir_processing)*

O processamento por fricção é um método de alteração das propriedades de um metal através de uma deformação intensa e localizada. Esta deformação é produzida através da inserção forçada de uma ferramenta não consumível na peça de trabalho e da rotação da ferramenta num movimento de agitação à medida que é empurrada lateralmente através da peça de trabalho. O precursor desta técnica, a soldadura por fricção, é utilizado para unir várias peças de metal sem criar a zona afetada pelo calor típica da soldadura por fusão. Quando implementado de forma ideal, este processo mistura o material sem alterar a fase e cria uma microestrutura com grãos finos e equidistantes. Esta estrutura de grão homogénea, separada por limites de ângulo elevado, permite que algumas ligas de alumínio adquiram propriedades superplásticas. O processamento por fricção também aumenta a resistência à tração e à fadiga do metal. Em testes com peças de liga de magnésio arrefecidas ativamente, a microdureza foi quase triplicada na área da junta processada por fricção. (http://en.wikipedia.org/wiki/Friction stir processing)

É amplamente utilizada na indústria aeroespacial e na indústria automóvel para fabricar painéis de carroçaria, para quadros de bicicletas e outros componentes, estas ligas são utilizadas na construção de barcos e na construção naval. Além disso, a técnica FSP tem sido utilizada para o fabrico de um compósito de superfície em substrato de alumínio e para a homogeneização de ligas de alumínio de metalurgia do pó (PM), compósitos de matriz metálica e ligas de alumínio fundido. Em comparação com outras técnicas de metalurgia, o FSP tem vantagens distintas

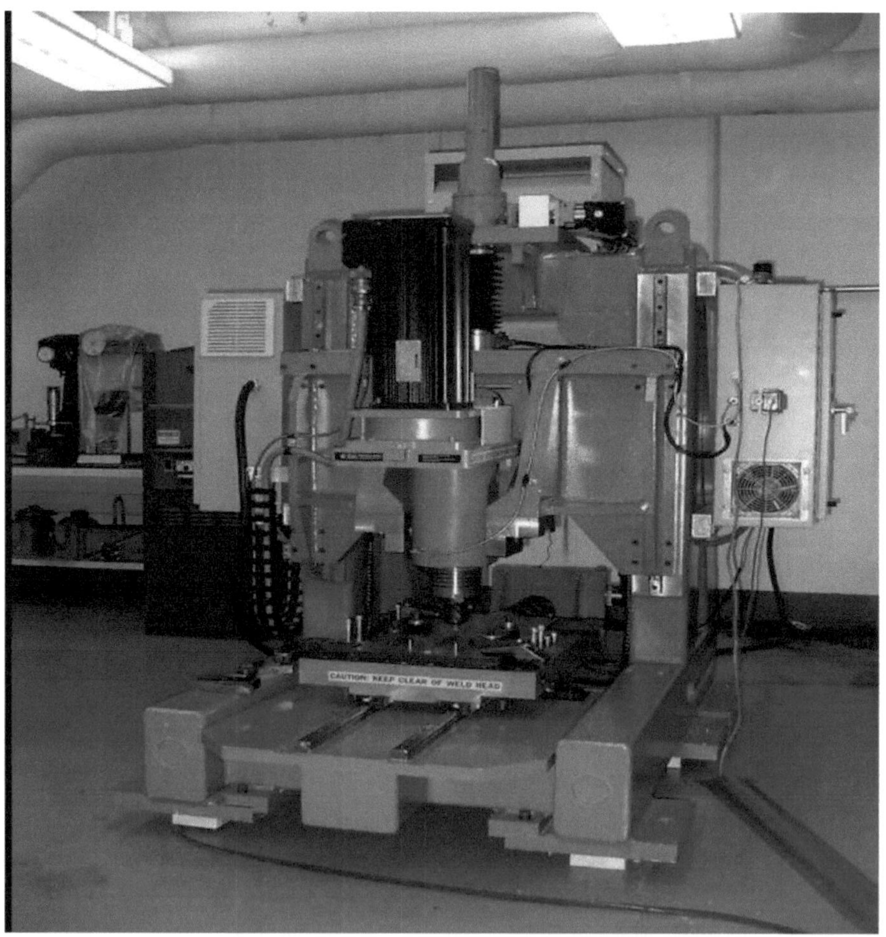

Fig 1.2 Uma máquina FSP - 3 eixos (Mishra *et al.*, 2005)

A soldadura por fricção (FSW) está a ser alvo de atenção por parte das indústrias modernas para aplicações estruturalmente exigentes que proporcionam benefícios de elevado desempenho. A soldadura por fricção tem demonstrado reduzir fortemente a distorção severa e as tensões residuais em comparação com os processos de soldadura tradicionais. A zona de fricção consiste numa pepita de solda, uma zona afetada termomecanicamente e uma zona afetada pelo calor. O processo resulta na obtenção de uma estrutura de grão muito fina e equiaxial no nugget de soldadura, causando uma maior resistência mecânica e ductilidade. Jata e Semiatin mostraram que a microestrutura na zona do nugget de soldadura evolui através de um processo de recristalização dinâmico contínuo, o forte refinamento do grão produzido pelo processo leva a microestrutura a dimensões finas oferecendo a possibilidade de exibir propriedades superplásticas.

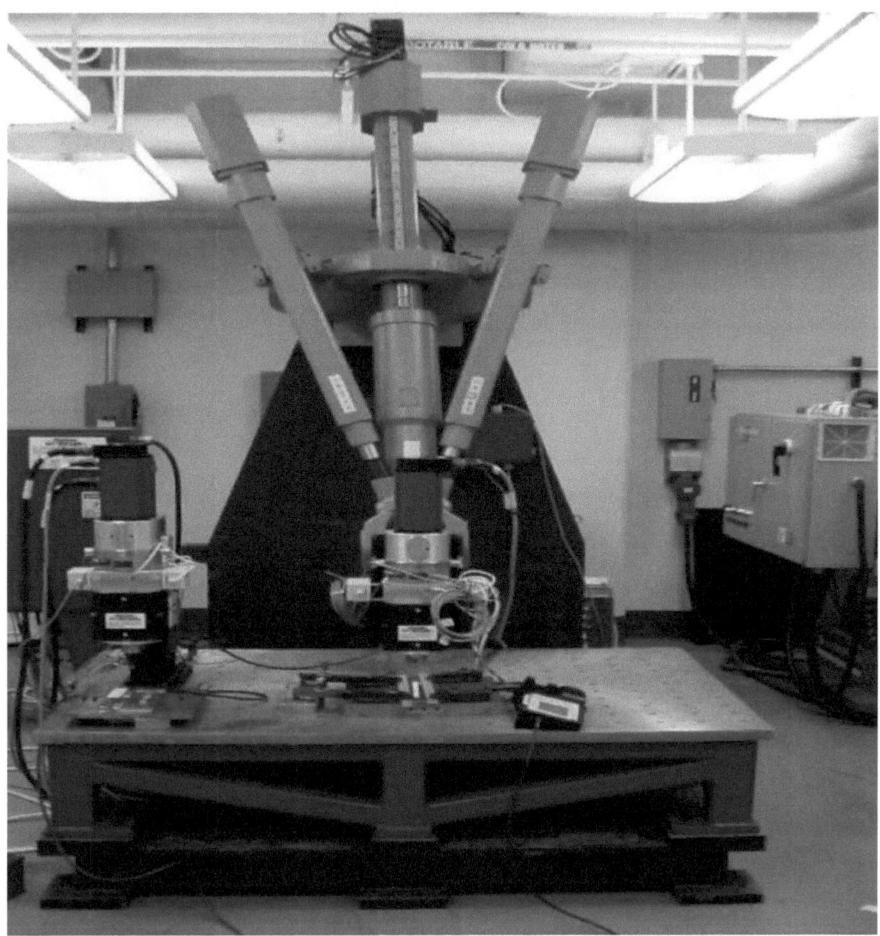

Fig 1.3 Uma máquina FSP robótica - 6 eixos (Mishra *et al.*, 2005)

Esta tecnologia requer um conhecimento profundo do processo e das consequentes propriedades mecânicas do material fortemente deformado, de modo a poder ser utilizada na produção de componentes para aplicações aeroespaciais e, por esta razão, é necessário um trabalho pormenorizado de investigação e qualificação. No FSP, uma ferramenta rotativa com uma sonda rotativa especialmente concebida percorre as superfícies de placas metálicas e produz uma zona altamente deformada plasticamente através da ação de agitação associada. A zona localizada de efeito termomecânico é produzida pela fricção entre o ombro da ferramenta e a superfície superior da placa, bem como pela deformação plástica do material em contacto com a ferramenta. A sonda é tipicamente ligeiramente mais curta do que a espessura da peça de trabalho e o seu diâmetro é tipicamente a espessura da peça de trabalho. O processo FSP é um processo de estado sólido e, por conseguinte, não existe uma estrutura de solidificação e o problema relacionado com a presença de fases interdendríticas e eutécticas frágeis é eliminado. Para além disso, o forte refinamento do grão e a possibilidade de obter uma microestrutura uniforme levaram os investigadores a investigar a possibilidade de empregar este processo para aumentar as propriedades superplásticas de algumas ligas de alumínio. No FSP, a peça de trabalho não atinge o ponto de fusão e as propriedades mecânicas do material são muito mais elevadas em comparação com as técnicas tradicionais; de facto, a microestrutura indesejável resultante da fusão e da re-solidificação, caracterizada por baixas propriedades mecânicas, está ausente, conduzindo a propriedades mecânicas melhoradas, tais como a ductilidade e a resistência em algumas ligas. (Cavaliere *et al.,* 2005)

O processamento por fricção (FSP) é uma técnica única para refinar e modificar a microestrutura dos materiais. Em muitos aspectos, os princípios básicos do FSP são os mesmos que os do FSW. Para além disso, o FSP tem sido utilizado com sucesso no fabrico de compósitos de superfície, para refinar as microestruturas de superfície de vários materiais, bem como para sintetizar os compostos compósitos e intermetálicos.

O processamento por fricção baseia-se na técnica de soldadura por fricção (FSW), inventada pelo The Welding Institute (TWI) em 1991. Ao observar as vantagens associadas à FSW, principalmente o refinamento do grão, o fenómeno foi alargado ao processamento de ligas comerciais. O processamento por fricção (FSP) é um processo de estado sólido em que uma ferramenta cilíndrica rotativa especialmente concebida, constituída por um pino e um ombro, é mergulhada na chapa. A ferramenta é então deslocada na direção desejada. A fricção do ombro rotativo gera calor que amolece o material (abaixo da temperatura de fusão da chapa) e, com a agitação mecânica causada pelo pino, o material dentro da zona processada sofre uma intensa deformação plástica, produzindo uma estrutura de grão fino recristalizada dinamicamente. Apesar do grande número de estudos que estão a ser realizados para fazer avançar a tecnologia FSP, os efeitos da FSP em várias propriedades mecânicas e microestruturais ainda necessitam de mais investigações. Além disso, as correlações entre os parâmetros de FSP, as propriedades mecânicas e as características microestruturais ainda não são bem compreendidas. São necessárias correlações exactas para uma modelação bem sucedida e para a otimização do processo. A maior parte do trabalho realizado no domínio do processamento por fricção centra-se nas ligas de alumínio. (Darras *et al.*, 2007)

O processamento por fricção (FSP), desenvolvido com base nos princípios básicos da soldadura por fricção (FSW), um processo de união em estado sólido originalmente desenvolvido para ligas de alumínio, é uma técnica emergente de trabalho de metais que pode proporcionar uma modificação localizada e o controlo de microestruturas em camadas próximas da superfície de componentes metálicos processados. O FSP provoca uma intensa deformação plástica, mistura de materiais e exposição térmica, resultando num refinamento microestrutural significativo, densificação e homogeneidade da zona processada. A técnica FSP tem sido utilizada com sucesso para produzir a estrutura de grão fino e o compósito de superfície, modificando a microestrutura dos materiais e sintetizando o compósito e o composto intermetálico in situ. Neste artigo de revisão, é abordado o estado atual da compreensão e do desenvolvimento do FSP. (Ma *et al.*, 2008)

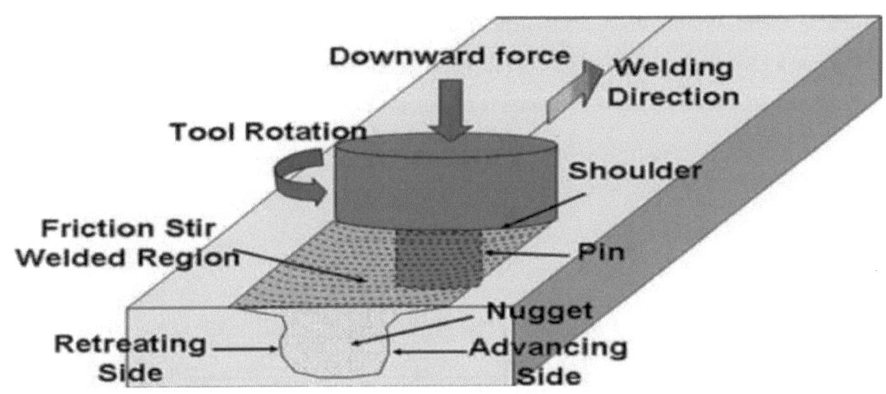

Fig 1.4 Movimento da ferramenta FSP

A soldadura por fricção (FSW) é um processo de união em estado sólido relativamente recente. Não requer fusão local para unir as peças. Esta técnica de união é eficiente em termos energéticos, amiga do ambiente e versátil. O conceito básico da FSW é extremamente simples. Uma ferramenta rotativa não consumível, com um pino e um ombro especialmente concebidos, é inserida nas arestas adjacentes das chapas ou placas a unir e percorre a linha de junção. A ferramenta tem duas funções principais: (a) aquecimento da peça de trabalho e (b) movimento do material para produzir a junta. O aquecimento é efectuado pela fricção entre a ferramenta e a peça de trabalho e pela deformação plástica da peça de trabalho. Durante o processo FSW, o material sofre uma intensa deformação plástica a temperaturas elevadas, resultando na geração de grãos recristalizados finos e equiaxiais. A microestrutura fina nas soldaduras por fricção produz boas propriedades mecânicas. Recentemente, o processamento por fricção (FSP) foi desenvolvido por Mishra e Mahoney como uma ferramenta genérica para a modificação microestrutural baseada nos princípios básicos do FSW. Neste caso, uma ferramenta rotativa é inserida numa peça de trabalho monolítica que proporciona aquecimento por fricção e mistura mecânica na área coberta pela ferramenta. A grande tensão de processamento envolvida resultou num refinamento e homogeneização microestrutural. O FSP desenvolveu-se num vasto campo que abrange a microformação, a modificação da fundição e o processamento de pós. Outra área em que a FSP se mostra muito promissora é na criação de materiais superplásticos. A FSP cria uma região denominada "zona de agitação" (SZ) ou "pepita", onde o refinamento microestrutural ocorre com grãos ultrafinos equiaxiais com limites de grão de ângulo elevado. A microestrutura resultante na região do nugget pode apresentar as condições ideais para a superplasticidade em alguns materiais. (Ehab *et al.*, 2010)

O FSP é um processamento em estado sólido baseado na soldadura por fricção (FSW). A FSW é uma inovação do The Welding Institute (TWI) do Reino Unido em 1991. O FSP é definido como uma técnica de deformação plástica severa utilizada com o objetivo de melhorar as propriedades da superfície. A microestrutura fina e a ausência de defeitos de fundição são as principais vantagens da FSP. Durante a FSP, a ferramenta rotativa (não consumível) com um pino e um ombro especialmente concebidos é mergulhada na placa e percorrida na direção desejada. (Akramifard *et al.*, 2014)

Fig 1.5 Impressão formada na peça de trabalho após FSP mutipass

O FSP multipasse pode ser efectuado de duas formas, continuamente ou após o arrefecimento do primeiro passe. O multipasse em que o material foi deixado arrefecer até à temperatura ambiente e depois disso foi empregue o segundo passe e o segundo método é em que todos os passes subsequentes foram empregues continuamente sem ligar o material para arrefecer.

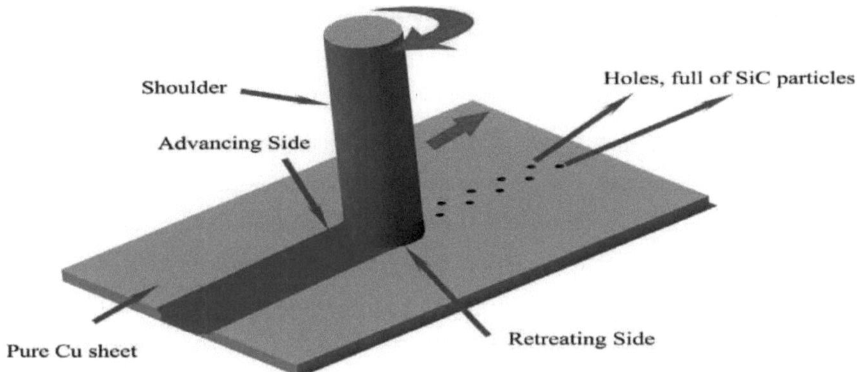

Fig 1.6 Movimento de deslocação e rotação do pino e fabrico de Cu/Sic

A técnica de soldadura por fricção (FSW) foi inventada pela primeira vez pelo The Welding Institute (TWI), sendo amplamente utilizada na soldadura de ligas de alumínio, magnésio e cobre. Esta técnica não se limita apenas à soldadura, o processamento por fricção (FSP) encontrou várias aplicações: refinamento do grão de peças forjadas e fundidas, melhoria da super plasticidade, formação de intermetálicos e fabrico de compósitos. O FSP oferece uma via de baixo consumo de energia para introduzir fases de reforço na matriz metálica e para formar compósitos a granel. O refinamento de grão é também melhorado pela recristalização dinâmica e pela fixação dos limites de grão durante a FSP.

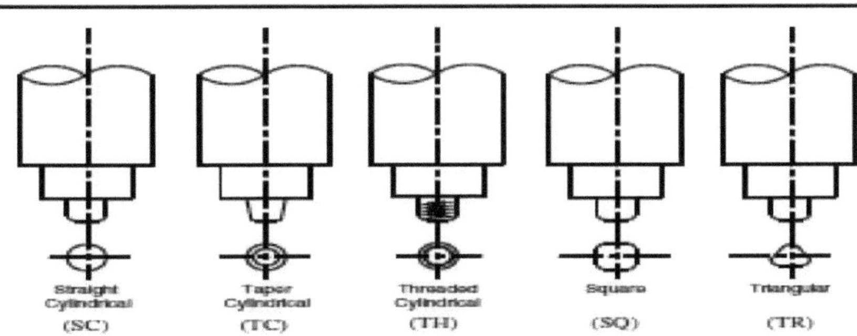

A Fig. 1.7 mostra os diferentes perfis de ferramentas FSP (Elangovan *et al.*, 2008)

Foram utilizados diferentes tipos de perfis de ferramentas no processo FSP para obter diferentes tipos de resultados. A Fig. 1.7 mostra diferentes perfis de ferramentas: cilíndrico, cilíndrico cónico, cilíndrico roscado, quadrado e triangular. O processamento por fricção (FSP) é um método de deformação plástica severa que é utilizado para produzir amostras a granel com uma microestrutura de grão fino, utilizando a mesma técnica empregue para unir amostras na soldadura por fricção (FSW). O efeito do perfil da ferramenta pode ser verificado na microestrutura e em várias propriedades mecânicas, utilizando diferentes equipamentos de ensaio. O principal efeito do FSP é devido ao calor gerado, que resulta na deformação do material e em alterações microestruturais. Neste processo, 86% do calor gerado provém do ombro, 11% dos lados da broca e os restantes 3% do calor são gerados na ponta da broca no processo FSP. (Douglas *et al.*, 2007).

O processamento por fricção (FSP) e a soldadura por fricção (FSW) são tecnologias aliadas que envolvem a deformação plástica severa localizada induzida pela ação de uma ferramenta não consumível sobre um material deformável. Tanto no FSP como no FSW, a ferramenta consiste geralmente numa porção de ombro cilíndrica com um pino saliente, concêntrico e de menor diâmetro. A ferramenta é rodada enquanto o pino é forçado a penetrar na superfície do material da peça de trabalho. Uma combinação de aquecimento por fricção e adiabático leva ao amolecimento e permite que a ferramenta penetre até que o ombro entre em contacto com a superfície da peça de trabalho. A soldadura pode ser realizada percorrendo a ferramenta ao longo das arestas adjacentes dos materiais a unir, de modo a que o fluxo de metal em torno do pino conduza à coalescência e à formação de uma ligação em estado sólido entre materiais semelhantes ou diferentes. No FSP, a ferramenta pode ser deslocada num padrão pré-determinado para processar um volume na peça de trabalho definido pelo perfil da ferramenta do pino e pelo padrão de deslocação. Quando aplicado a um metal fundido, o FSP pode converter a microestrutura da zona de agitação (SZ) fundida numa condição forjada, melhorando assim as propriedades físicas e mecânicas na ausência de uma alteração macroscópica da forma. (Swaminathan *et al.*, 2009).

As ligas de alumínio estão a atrair um interesse considerável em todo o mundo devido à sua baixa densidade, elevada relação entre resistência e peso, elevada condutividade térmica e boa resistência à corrosão; no entanto, a sua fraca resistência ao desgaste causa algumas limitações às suas aplicações. Os compósitos de matriz metálica (MMCs) são materiais novos com propriedades mecânicas e tribológicas superiores. Para utilização em aplicações tribológicas, os compósitos de matriz metálica devem ser capazes de suportar uma carga sem distorção, deformação ou fratura indevidas durante o desempenho.

Os MMCs híbridos são materiais de engenharia que incluem dois ou mais reforços diferentes de modo a obter as vantagens combinadas dos mesmos. Um dos métodos para fabricar nano-compósitos híbridos in-situ é o processamento por fricção. Os nano-compósitos produzidos com FSP têm propriedades superiores às dos produzidos com métodos convencionais, como a liga mecânica, a fundição, a solidificação rápida, a síntese por combustão, etc. Estas propriedades incluem a obtenção de um sólido denso sem porosidade, a distribuição homogénea das partículas de reforço na matriz e uma forte ligação entre os reforços e a matriz como resultado da reação entre eles devido às condições termomecânicas durante o FSP. (Anvari *et al.*, 2005)

A forte procura de redução de peso no fabrico de automóveis e aeronaves exige a otimização da conceção de produtos que utilizem materiais de baixo peso. O alumínio e as suas ligas são amplamente utilizados nas indústrias aeroespacial e automóvel devido à sua baixa densidade e à sua elevada relação resistência/peso. Para muitas aplicações, a vida útil dos componentes depende frequentemente das suas propriedades de superfície, como a resistência ao desgaste. Recentemente, tem sido dada muita atenção ao processamento por fricção (FSP), que é conhecido como uma técnica de modificação da superfície. O FSP é uma nova técnica de processamento em estado sólido para modificação microestrutural, que foi desenvolvida com base no princípio da soldadura por fricção (FSW). O conceito básico do FSP é extremamente simples. Uma ferramenta rotativa com pino e ombro é inserida numa única peça de material e percorrida ao longo do caminho desejado para cobrir a região de interesse. O atrito entre o ombro e a peça de trabalho resulta num aquecimento localizado que aumenta a temperatura do material para o intervalo em que este é deformado plasticamente. Durante este processo, a deformação plástica severa e a exposição térmica do material resultam numa evolução significativa da microestrutura local. O FSP pode ser descrito com exatidão como um processo de forjamento e extrusão, ou de metalurgia. A microestrutura resultante é composta por três zonas principais: a zona afetada pelo calor (ZTA), a zona afetada termomecanicamente (ZTAM) e a zona de pepitas (ZN). Como resultado de uma intensa deformação plástica a temperaturas elevadas, é possível obter um refinamento do grão numa gama de tamanhos de 0,8 a 12pm. É bem conhecido que a zona de pepita consiste em grãos finos e equiaxiais produzidos devido à recristalização dinâmica. O FSP provou ser bem sucedido na modificação de várias propriedades, tais como a formabilidade, a dureza, o limite de elasticidade, a fadiga e a resistência à corrosão. (Zahmatkesh *et al.*, 2010)

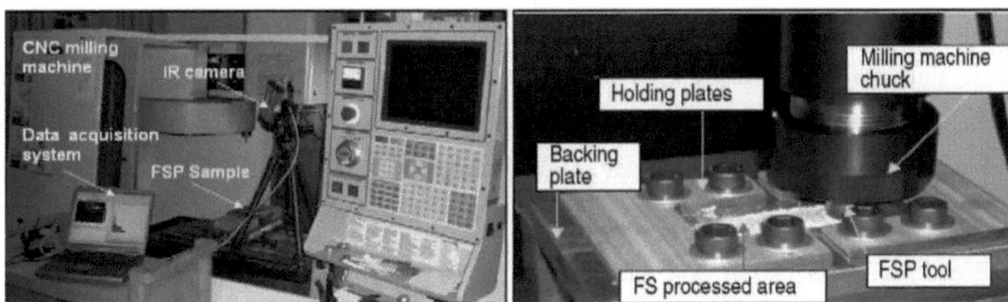

Fig.1.8 Instalação experimental. (Darras *et al.*, 2007)

A dificuldade de fazer soldaduras de alta resistência, resistentes à fadiga e à fratura em ligas de alumínio aeroespaciais, tais como as séries 2XXX e 7XXX altamente ligadas, inibiu durante muito tempo a utilização generalizada da soldadura para unir estruturas aeroespaciais. Estas ligas de alumínio são geralmente classificadas como não soldáveis devido à fraca microestrutura de solidificação e à porosidade na zona de fusão. Além disso, a perda de propriedades mecânicas em comparação com o material de base é muito significativa. Estes factores tornam a união destas ligas por processos de soldadura convencionais pouco atractiva. Algumas ligas de alumínio podem ser soldadas por resistência, mas a preparação da superfície é dispendiosa, sendo o óxido de superfície um problema importante. A soldadura por fricção (FSW) foi inventada no The Welding Institute (TWI) do Reino Unido em 1991 como uma técnica de união em estado sólido, tendo sido inicialmente aplicada a ligas de alumínio. O conceito básico da FSW é extremamente simples. Uma ferramenta rotativa não consumível, com um pino e um ombro especialmente concebidos, é inserida nos bordos adjacentes das chapas ou placas a unir e percorre a linha de junção. A ferramenta tem duas funções principais: (a) aquecimento da peça de trabalho e (b) movimento do material para produzir a junta. O aquecimento é efectuado pela fricção entre a ferramenta e a peça de trabalho e pela deformação plástica da peça de trabalho. O aquecimento localizado amolece o material à volta do pino e a combinação da rotação e da translação da ferramenta leva ao movimento do material da parte da frente do pino para a parte de trás do pino. Como resultado deste processo, é produzida uma junta em "estado sólido". Devido às várias características geométricas da ferramenta, o movimento do material à volta do pino pode ser bastante complexo. Durante o processo FSW, o material sofre uma intensa deformação plástica a temperaturas elevadas, resultando na geração de grãos recristalizados finos e equiaxiais. A microestrutura fina nas soldaduras por fricção produz boas propriedades mecânicas.

Recentemente, o processamento por fricção (FSP) foi desenvolvido como uma ferramenta genérica para a modificação microestrutural com base nos princípios básicos do FSW. Neste caso, uma ferramenta rotativa é inserida numa peça de trabalho monolítica para modificação microestrutural localizada com vista ao aumento de propriedades específicas. Por exemplo, a superplasticidade de alta taxa de deformação foi obtida na liga comercial 7075Al por FSP. Além disso, a técnica FSP tem sido utilizada para produzir compósitos de superfície em substratos de alumínio, homogeneização de ligas de alumínio para metalurgia do pó, modificação microestrutural de compósitos de matriz metálica e melhoria de propriedades em ligas de alumínio fundido. O FSP está a emergir como uma técnica de união/processamento em estado sólido muito eficaz. Num período relativamente curto após a invenção, foram demonstradas algumas aplicações bem sucedidas de FSW. (Mishra *et al.,* 2005)

Para além disso, a técnica FSP tem sido utilizada para o fabrico de um compósito de superfície em substrato de alumínio e para a homogeneização de ligas de alumínio da metalurgia do pó (PM), compósitos de matriz metálica e ligas de alumínio fundido. Em comparação com outras técnicas de metalurgia, o FSP tem vantagens distintas. Em primeiro lugar, o FSP é uma técnica de processamento em estado sólido de percurso curto, com processamento numa única etapa, que permite obter refinamento microestrutural, densificação e homogeneidade. Em segundo lugar, a microestrutura e as propriedades mecânicas da zona processada podem ser controladas com precisão através da otimização do design da ferramenta, dos parâmetros FSP e do arrefecimento/aquecimento ativo. Em terceiro lugar, a profundidade da zona processada pode ser opcionalmente ajustada alterando o comprimento do pino da ferramenta, com a profundidade a situar-se entre várias centenas de micrómetros e dezenas de milímetros; é difícil conseguir uma profundidade processada ajustada opcionalmente utilizando outras técnicas de trabalho do metal. Em quarto lugar, o FSP é uma técnica versátil com uma função abrangente para o fabrico, processamento e síntese de materiais. Em quinto lugar, a entrada de calor durante a FSP provém da fricção e da deformação plástica, o que significa que a FSP é uma técnica ecológica e eficiente em termos energéticos, sem gases nocivos, erradicação e ruído. Em sexto lugar, a FSP não altera a forma e o tamanho dos componentes processados.

A geometria da ferramenta é o aspeto mais influente do desenvolvimento do processo. A geometria da ferramenta desempenha um papel crítico no fluxo de material e, por sua vez, governa a velocidade de deslocação à qual a FSW pode ser conduzida. Uma ferramenta FSP é constituída por um ombro e um pino. Como mencionado anteriormente, a ferramenta tem duas funções principais: (a) aquecimento localizado, e (b) fluxo de material. Na fase inicial do mergulho da ferramenta, o aquecimento resulta principalmente do atrito entre o pino e a peça de trabalho. Algum aquecimento adicional resulta da deformação do material. A ferramenta é mergulhada até que o ombro toque na peça de trabalho. O atrito entre o ombro e a peça de trabalho resulta no maior componente de aquecimento. Do ponto de vista do aquecimento, o tamanho relativo do pino e do ombro é importante, e as outras características do projeto não são críticas. O ombro também proporciona confinamento para o volume de material aquecido. A segunda função da ferramenta é 'agitar' e 'mover' o material. A uniformidade da microestrutura e das propriedades, bem como as cargas do processo, são regidas pelo desenho da ferramenta. Geralmente, são utilizados um ombro côncavo e pinos cilíndricos roscados. Com o aumento da experiência e alguns para FSP multi-passe, o pino cilíndrico roscado convencional resultou num desbaste excessivo da folha superior, levando a propriedades de dobragem significativamente reduzidas. Além disso, para as soldaduras por sobreposição, a largura da interface de soldadura e o ângulo em que o entalhe encontra a borda da soldadura também são importantes para aplicações em que a fadiga é a principal preocupação. Recentemente, foram desenvolvidas duas novas geometrias de cavilhas - a TM de trifurcação alargada, com as faces da trifurcação alargadas, e a TM de inclinação A, com o eixo da cavilha ligeiramente inclinado em relação ao eixo do fuso da máquina - para melhorar a qualidade do processamento. (Ma *et al.*, 2008)

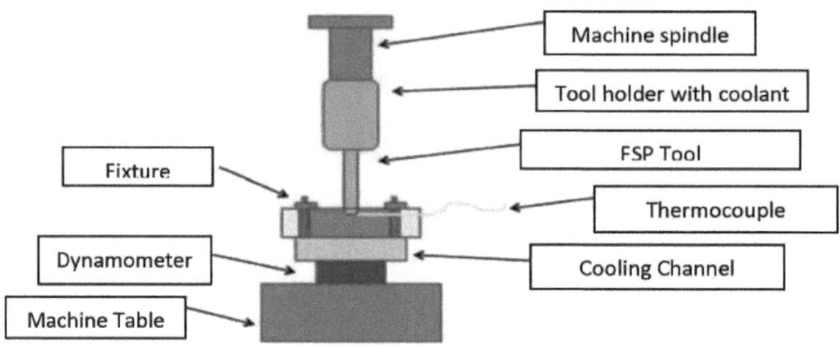

Fig 1.9 shows FSP setup

Recentemente, a tecnologia de processamento por fricção tem sido utilizada nas indústrias aeroespacial, automóvel, marítima e ferroviária, bem como em várias outras aplicações. Foram efectuados estudos experimentais, analíticos e computacionais de nano-compósitos processados por fricção. Especificamente, são investigados os efeitos dos parâmetros de processamento na evolução da microestrutura, nos comportamentos de deformação e nas propriedades mecânicas. Os polímeros têm temperaturas de processamento muito mais baixas do que os metais. As instalações para a implementação do FSP podem ser muito mais simples e menos dispendiosas. Os materiais poliméricos utilizados são plásticos cheios de partículas, como o poliestireno (PS) e o nylon.

O processamento por fricção (FSP) força o fluxo de materiais a uma temperatura inferior à temperatura de fusão. Os materiais são extrudidos, forjados, consolidados e arrefecidos sob condições de pressão hidrostática. Assim, algumas das propriedades, por exemplo, a dureza, são elevadas nos materiais FSP. A investigação primária sobre o processamento por fricção centra-se nas ligas de alumínio.

É também estudada a aplicação desta tecnologia ao processamento de outras ligas e materiais, incluindo aços inoxidáveis, magnésio, titânio e cobre. Esta tecnologia tem encontrado aplicações na modificação da microestrutura de materiais compósitos de matriz metálica reforçada. É também utilizada no processamento de materiais compósitos poliméricos. É possível transferir a tecnologia FSP para o domínio dos materiais energéticos, por exemplo, para materiais de reactores de fusão, incluindo a junção e o processamento de ligas de vanádio. Existem alguns desafios importantes para melhorar a tecnologia FSP. Um deles é o desgaste da ferramenta no processamento de materiais compósitos reforçados. O outro desafio é como aumentar a resistência da união e melhorar a propriedade de fadiga dos materiais compósitos FSP. (Gan *et al.*, 2010)

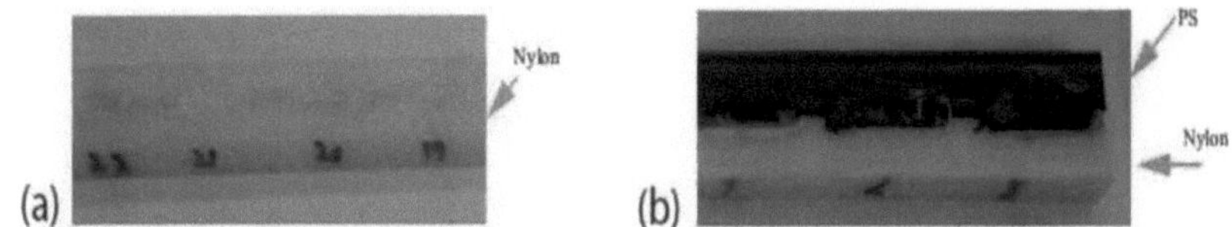

Fig 1.10 (a) Laminado de nylon-nylon FSP e (b) laminado de nylon-poliestireno+

1.2 Parâmetros FSP

A soldadura FSP/FSW envolve movimentos complexos do material e deformação plástica. Os parâmetros de soldadura, a geometria da ferramenta e a conceção da junta exercem um efeito significativo no padrão de fluxo do material e na distribuição da temperatura, influenciando assim a evolução microestrutural do material. São abordados alguns dos principais factores que afectam o processo FSP, tais como a geometria da ferramenta, os parâmetros de soldadura e a conceção da junta.

1.2.1 Geometria da ferramenta

A geometria da ferramenta é o aspeto mais influente do desenvolvimento do processo. A geometria da ferramenta desempenha um papel crítico no fluxo de material e, por sua vez, regula a velocidade de deslocação a que a FSW pode ser conduzida. Uma ferramenta FSP é constituída por um ombro e um pino, como se mostra esquematicamente na Fig. 1.11. Como mencionado anteriormente, a ferramenta tem duas funções principais: (a) aquecimento localizado e (b) fluxo de material. Na fase inicial do mergulho da ferramenta, o aquecimento resulta principalmente do atrito entre o pino e a peça de trabalho. Algum aquecimento adicional resulta da deformação do material. A ferramenta é mergulhada até que o ombro toque na peça de trabalho. O atrito entre o ombro e a peça de trabalho resulta na maior componente de aquecimento. Do ponto de vista do aquecimento, o tamanho relativo do pino e do ombro é importante, e as outras características do projeto não são críticas. O ombro também proporciona confinamento para o volume de material aquecido. A segunda função da ferramenta é 'agitar' e 'mover' o material. A uniformidade da microestrutura e das propriedades, bem como as cargas do processo, são regidas pelo desenho da ferramenta. Geralmente, são utilizados um ombro côncavo e pinos cilíndricos roscados.

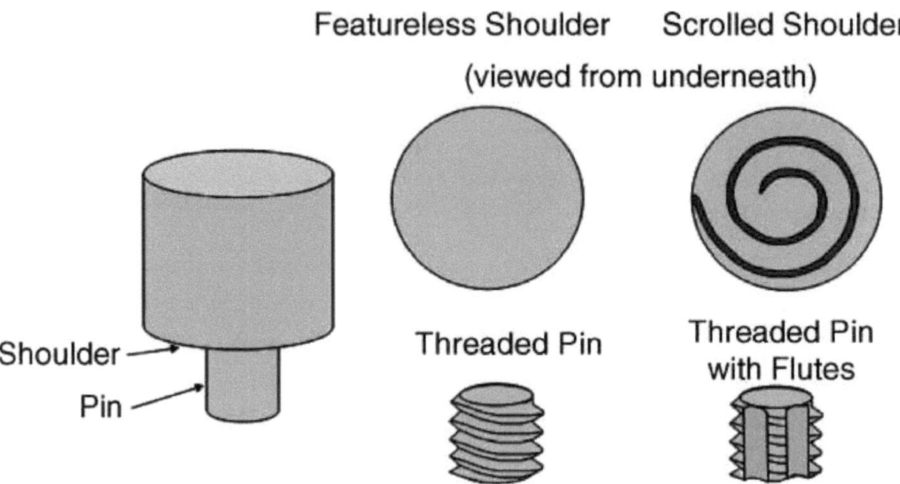

Fig 1.11 Desenho esquemático da ferramenta FSP (Mishra *et al.*, 2005)

1.2.2 Parâmetros de processamento

Para o FSP, dois parâmetros são muito importantes: a taxa de rotação da ferramenta (v, rpm) no sentido dos ponteiros do relógio ou no sentido contrário ao dos ponteiros do relógio e a velocidade de deslocação da ferramenta (n, mm/min) ao longo da linha da junta. A rotação da ferramenta resulta na agitação e mistura do material em torno do pino rotativo e a translação da ferramenta move o material agitado da frente para trás do pino e termina o processo de soldadura. Taxas de rotação mais elevadas da ferramenta geram temperaturas mais elevadas devido ao maior aquecimento por fricção e resultam numa agitação e mistura mais intensas do material, como se verá mais adiante. No entanto, deve notar-se que o acoplamento por fricção da superfície da ferramenta com a peça de trabalho é o que regula o aquecimento. Assim, não é de esperar um aumento monotónico do aquecimento com o aumento da taxa de rotação da ferramenta, uma vez que o coeficiente de atrito na interface se altera com o aumento da taxa de rotação da ferramenta.

1.2.3 Ângulo de inclinação da ferramenta

Para além da taxa de rotação da ferramenta e da velocidade de deslocação, outro parâmetro importante do processo é o ângulo de inclinação do fuso ou da ferramenta em relação à superfície da peça de trabalho. Uma inclinação adequada do fuso na direção de arrastamento assegura que o ombro da ferramenta segura o material agitado pelo pino roscado e move o material eficientemente da frente para trás do pino. Além disso, a profundidade de inserção do pino nas peças (também designada por profundidade alvo) é importante para produzir uma aparência sólida com ombros de ferramenta lisos. A profundidade de inserção do pino está associada à altura do pino. Quando a profundidade de inserção é demasiado pequena, o ombro da ferramenta não entra em contacto com a superfície original da peça de trabalho. Assim, o ombro rotativo não pode mover o material agitado de forma eficiente da frente para trás do pino, resultando na geração de soldas com canal interno ou sulco superficial. Quando a profundidade de inserção é demasiado grande, o ombro da ferramenta mergulha na peça de trabalho, criando um excesso de rebarba. Neste caso, é produzido um aspeto significativamente côncavo, levando a um afinamento local da chapa processada. Deve-se notar que o recente desenvolvimento do ombro da ferramenta 'rolado' permite o FSP com 0' de inclinação da ferramenta.

1.3 Modelação de processos

A FSP resulta em intensa deformação plástica e aumento de temperatura dentro e em torno da zona agitada. Isto resulta numa evolução microestrutural significativa, incluindo o tamanho do grão, o carácter dos limites do grão, a dissolução e o engrossamento dos precipitados, a rutura e a redistribuição dos dispersóides e a textura. É necessária uma compreensão dos processos mecânicos e térmicos durante o FSP para otimizar os parâmetros do processo e controlar a microestrutura e as propriedades das soldaduras.

1.3.1. Fluxo de metal

O fluxo de material durante a soldadura por fricção é bastante complexo, dependendo da geometria da ferramenta, dos parâmetros do processo e do material a soldar. É de importância prática compreender as características do fluxo de material para otimizar a conceção da ferramenta e obter soldaduras de elevada eficiência estrutural. Isto levou a numerosas investigações sobre o comportamento do fluxo de material durante o FSP. Foram utilizadas várias abordagens, tais como a técnica de traçagem por marcador, a soldadura de ligas/metais diferentes, para visualizar o padrão de fluxo de material em FSP. Para além disso, alguns métodos computacionais, incluindo a FEA, foram também utilizados para modelar o fluxo de material.

1.3.2. Distribuição da temperatura

O FSP resulta numa intensa deformação plástica em torno da ferramenta rotativa e no atrito entre a ferramenta e as peças. Estes dois factores contribuem para o aumento da temperatura dentro e em redor da zona agitada. Uma vez que a distribuição da temperatura dentro e à volta da zona agitada influencia diretamente a microestrutura das soldaduras, como o tamanho do grão, o carácter dos limites do grão, o engrossamento e a dissolução dos precipitados e as propriedades mecânicas resultantes das soldaduras, é importante obter informações sobre a distribuição da temperatura durante a FSP. No entanto, as medições de temperatura na zona agitada são muito difíceis devido à intensa deformação plástica produzida pela rotação e translação da ferramenta. Por conseguinte, as temperaturas máximas na zona agitada durante a FSP foram estimadas a partir da microestrutura da zona processada ou registadas através da incorporação de termopares nas regiões adjacentes ao pino rotativo.

1.4 Evolução microestrutural

A contribuição da intensa deformação plástica e da exposição a altas temperaturas na zona agitada durante a FSP resulta na recristalização e no desenvolvimento de textura na zona agitada e na dissolução e engrossamento dos precipitados dentro e à volta da zona agitada. Com base na caraterização microestrutural dos grãos e dos precipitados, foram identificadas três zonas distintas, a zona agitada (pepita), a zona afetada termomecanicamente (ZTA) e a zona afetada pelo calor (ZTA), como se mostra na Fig. 1.12. As alterações microestruturais em várias zonas têm um efeito significativo nas propriedades mecânicas pós-processo. Por conseguinte, a evolução microestrutural durante o FSP foi estudada por vários investigadores.

Fig 1.12 Uma macrografia típica mostrando várias zonas microestruturais em FSP (Mishra *et al.*, 2005)

1.4.1 Zona de pepitas

A deformação plástica intensa e o aquecimento por fricção durante o FSP resultam na geração de uma microestrutura recristalizada de grão fino na zona agitada. Esta região é normalmente designada por zona nugget (ou nugget de soldadura) ou zona dinamicamente recristalizada (DXZ). Em algumas condições de FSP, a estrutura em forma de anel de cebola foi observada na zona do nugget (Fig. 1.12). No interior dos grãos recristalizados, existe normalmente uma baixa densidade de deslocações. No entanto, alguns investigadores relataram que os pequenos grãos recristalizados da zona de pepita contêm alta densidade de sub-bordas, subgrãos e deslocações. A interface entre a zona de pepita recristalizada e o metal de base é relativamente difusa no lado de recuo da ferramenta, mas bastante nítida no lado de avanço da ferramenta.

1.4.1.1. Forma da zona de pepitas

Dependendo do parâmetro de processamento, da geometria da ferramenta, da temperatura da peça de trabalho e da condutividade térmica do material, foram observadas várias formas de zona de pepitas. Basicamente, a zona de pepita pode ser classificada em dois tipos: pepita em forma de bacia que se alarga perto da superfície superior e pepita elíptica.

1.4.1.2 Granulometria

É bem aceite que a recristalização dinâmica durante o FSP resulta na geração de grãos finos e equiaxiais na zona de pepitas. Os parâmetros FSP, a geometria da ferramenta, a composição da peça, a temperatura da peça, a pressão vertical e o arrefecimento ativo exercem uma influência significativa no tamanho dos grãos recristalizados nos materiais FSP

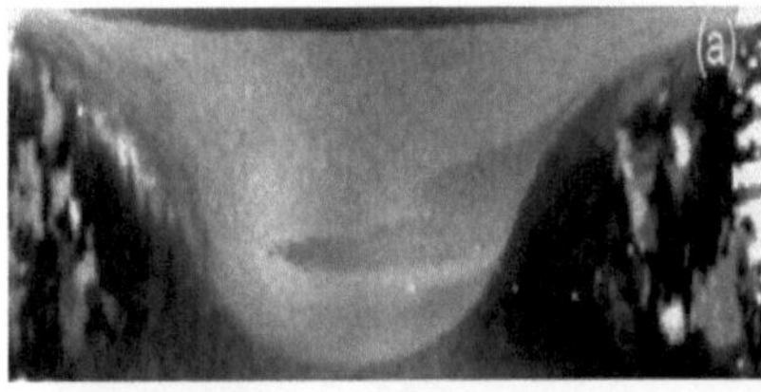

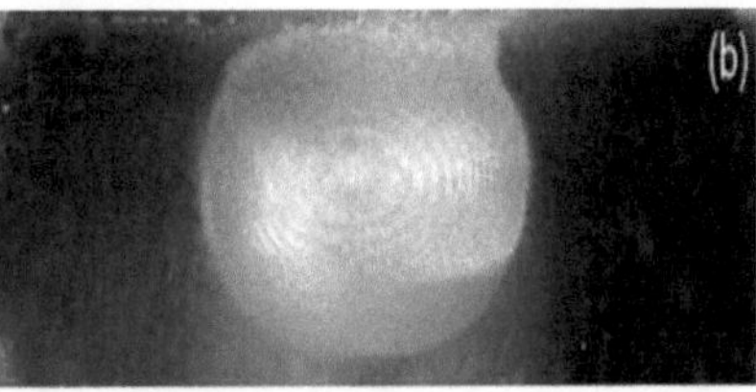

Fig 1.13 Efeito do parâmetro de processamento na forma de pepita em FSP A356: (a) 300 rpm, 51 mm/min e (b) 900 rpm, 203 mm/ min (Mishra *et al.*, 2005)

A geometria da ferramenta não foi identificada numa série de estudos. Enquanto o tamanho típico do grão recristalizado nas ligas de alumínio FSP se situa na gama dos microns (Tabela 1.1), as microestruturas de grão ultrafino (UFG) (tamanho médio do grão <1 mm) foram obtidas através da utilização de arrefecimento externo ou de geometrias especiais da ferramenta.

O FSP resulta num aumento de temperatura até 400-550 8C na zona da pepita devido ao atrito entre a ferramenta e as peças e à deformação plástica em torno do pino rotativo. A uma temperatura tão elevada, os precipitados nas ligas de alumínio podem tornar-se mais grosseiros ou dissolver-se na matriz de alumínio, dependendo do tipo de liga e da temperatura máxima.

Tabela 1.1 Resumo do tamanho do grão na zona da pepita das ligas de alumínio FSP

Material	Espessura da placa mm	Geometria da ferramenta	Taxa de rotação (rPm)	Velocidade transversal (mm/min)	Tamanho do grão (µm)
6061Al-T6	6.3	Cilíndrico	300-1000	90-150	10
1100Al	6.0	Cilíndrico	400	60	4
2024Al	6.35	Roscado, cilíndrico	200-300	25.4	2.0-3.9
5083Al	6.35	Roscado, cilíndrico	400	25.4	6.0
7075Al-T65	6.35	Roscado, cilíndrico	350, 400	102, 152	3.8, 7.5

1.4.2 Zona afetada termomecanicamente

Uma caraterística exclusiva do processo FSP é a criação de uma zona de transição - zona afetada termomecanicamente (TMAZ) entre o material de origem e a zona de pepitas, como se mostra na

Fig.1.14. A TMAZ experimenta tanto a temperatura como a deformação durante o FSP. A TMAZ é caracterizada por uma estrutura altamente deformada. Os grãos alongados do metal de base foram deformados num padrão de fluxo ascendente em torno da zona de pepita. Embora a TMAZ tenha sofrido deformação plástica, a recristalização não ocorreu nesta zona devido à tensão de deformação insuficiente. No entanto, foi observada a dissolução de alguns precipitados na TMAZ, devido à exposição a altas temperaturas durante o FSP. A extensão da dissolução, naturalmente, depende do ciclo térmico experimentado pela TMAZ. Para além disso, foi revelado que os grãos na TMAZ contêm normalmente uma elevada densidade de sub-limites.

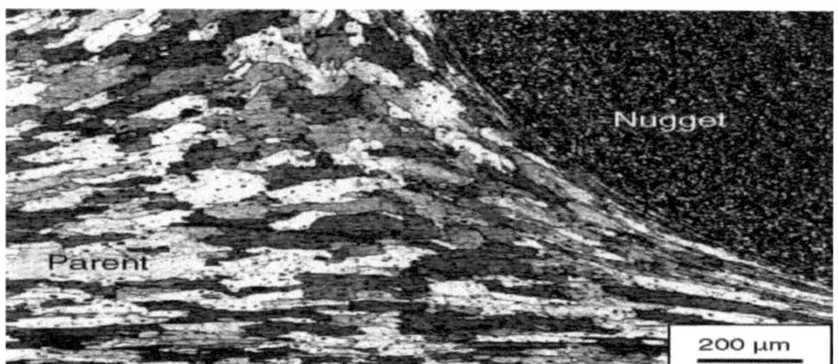

Fig 1.14 Microestrutura da zona afetada termomecanicamente em FSP (Mishra *et al.*, 2005)

1.4.3 Zona afetada pelo calor

Para além da ZTA, existe uma zona afetada pelo calor (ZTA). Esta zona sofre um ciclo térmico, mas não sofre qualquer deformação plástica. Mahoney et al definiram a ZTA como uma zona que sofre um aumento de temperatura superior a 250'C para uma liga de alumínio tratável termicamente. A ZTA mantém a mesma estrutura de grão que o material de base. No entanto, a exposição térmica acima de 250'C exerce um efeito significativo na estrutura do precipitado.

1.5 Aplicação do FSP

A soldadura por fricção tem uma série de atributos que podem ser utilizados para desenvolver uma ferramenta genérica para a modificação microestrutural e o fabrico. Isto levou a várias aplicações para modificação microestrutural em materiais metálicos, incluindo superplasticidade, compósito de superfície, homogeneização de ligas de alumínio nanofásicas e compósitos de matriz metálica, e refinamento microestrutural de ligas de alumínio fundido.

1.5.1 Superplasticidade

É sabido que são necessários dois requisitos básicos para alcançar a superplasticidade estrutural. O primeiro é um tamanho de grão fino, tipicamente inferior a 15 mm. O segundo é a estabilidade térmica da microestrutura fina a altas temperaturas. Convencionalmente, o processamento termomecânico

(TMP) é utilizado para produzir microestruturas de grão fino em ligas de alumínio comerciais. Um TMP típico para ligas de alumínio tratáveis termicamente consiste num tratamento de solução, sobre-envelhecimento, laminagem a quente de várias passagens (200-220 8C) com reaquecimento intermitente e um tratamento de recristalização. Claramente, o TMP é complexo e demorado e resulta num aumento do custo do material. Mais importante ainda, a taxa de deformação superplástica óptima de 1x10-4 a 10x10-3 s-1 obtida em ligas de alumínio comerciais TMP, tais como 7075 e 7475, é demasiado lenta para a forja/formação superplástica de componentes na indústria automóvel. Para fazer avançar a enformação superplástica (SPF) para as indústrias orientadas para a produção em massa, é necessário desenvolver novas técnicas de processamento e/ou ligas de alumínio para mudar a taxa de deformação superplástica óptima para uma taxa de deformação elevada

1.5.2 Compósitos de superfície

Em comparação com os metais não reforçados, os compósitos de matriz metálica reforçados com fases cerâmicas apresentam elevada resistência, elevado módulo de elasticidade, maior resistência ao desgaste, à fluência e à fadiga, o que os torna materiais estruturais promissores para as indústrias aeroespacial e automóvel. No entanto, estes compósitos também sofrem de uma grande perda de ductilidade e tenacidade devido à incorporação de reforços cerâmicos não deformáveis, o que limita, em certa medida, as suas aplicações. Para muitas aplicações, a vida útil dos componentes depende frequentemente das suas propriedades superficiais, como a resistência ao desgaste. Nestas situações, é desejável que apenas a camada superficial dos componentes seja reforçada por fases cerâmicas, enquanto a maior parte dos componentes mantém a composição e estrutura originais com maior tenacidade.

Nos últimos anos, foram desenvolvidas várias técnicas de modificação da superfície, como o tratamento por fusão a laser de alta energia, a irradiação por feixe de electrões de alta energia, a pulverização por plasma, a sinterização por fundição e a fundição, para fabricar compósitos de matriz metálica de superfície. Entre estas técnicas, o tratamento por fusão a laser (também designado por processamento a laser ou engenharia de superfícies a laser (LSE)) é amplamente utilizado para a modificação de superfícies. No entanto, deve salientar-se que as técnicas de processamento existentes para a formação de compósitos de superfície são geralmente baseadas no processamento em fase líquida a altas temperaturas. Neste caso, é difícil evitar a reação interfacial entre o reforço e a matriz metálica e a formação de algumas fases prejudiciais. Além disso, é necessário um controlo crítico dos parâmetros de processamento para obter uma microestrutura solidificada ideal na camada superficial. Obviamente, se o processamento do compósito de superfície for efectuado a temperaturas abaixo do ponto de fusão do substrato, os problemas acima mencionados podem ser evitados. Recentemente, Mishra et al. efectuaram estudos sobre a incorporação de partículas cerâmicas na camada superficial de ligas de alumínio (5083Al e A356) para formar um compósito de superfície por meio de FSP. Os autores referem que os parâmetros de processamento (geometria da ferramenta, taxa de rotação da ferramenta, velocidade de deslocação e profundidade do alvo) têm efeitos significativos na formação da camada superficial composta

1.5.3 Modificação microestrutural

Foram desenvolvidas várias técnicas de modificação e tratamento térmico para refinar a microestrutura das ligas Al-Si-Mg fundidas. A primeira categoria de investigação tem como objetivo modificar a morfologia das partículas de Si. Por exemplo, os modificadores eutécticos, como o sódio, o estrôncio e o antimónio, são amplamente utilizados para esferoidizar as partículas de Si. No entanto, estes modificadores apresentam alguns inconvenientes. No caso do sódio, os benefícios desvanecem-se rapidamente com a manutenção a alta temperatura e a ação modificadora desaparece praticamente após apenas duas refundições. No caso do estrôncio, a densidade da porosidade de microencolhimento aumenta após a adição de estrôncio, devido a uma maior captação de gás a partir da dificuldade de dissolução e a uma depressão da temperatura de transformação eutéctica. No caso do antimónio, as preocupações ambientais e de segurança têm impedido a sua utilização na maioria dos países. Em alternativa, o tratamento térmico de ligas fundidas a alta temperatura, normalmente à temperatura de solução sólida de cerca de 540 8C durante muito tempo, é também utilizado para modificar a morfologia das partículas de Si. O tratamento térmico em solução resulta num grau substancial de esferoidização das partículas de Si e também torna as partículas de Si mais grosseiras. No entanto, o tratamento por solução a alta temperatura durante muito tempo aumenta o custo do material. A segunda categoria de investigação refina as fases grosseiras do alumínio primário. O tratamento térmico a uma temperatura extremamente elevada de 577 8C durante um curto período de tempo de 8 min resultou num refinamento substancial das dendrites de alumínio num A356 processado em semi-sólido (SSP). Para além disso, foi relatado que um tratamento térmico de fusão levou a um refinamento notável da fase de alumínio no A356, resultando assim numa melhoria significativa tanto na resistência como na ductilidade. É importante salientar que nenhuma das técnicas de modificação e tratamento térmico acima mencionadas pode eliminar eficazmente a porosidade nas peças fundidas Al-Si-Mg e redistribuir uniformemente as partículas de Si na matriz de alumínio. Como apresentado acima, durante o FSP, a ferramenta transporta materiais da frente para a parte de trás da ferramenta de uma forma complexa, resultando numa intensa deformação e mistura de material. Espera-se que este processo possa refinar eficazmente a microestrutura das peças fundidas de Al-Si-Mg. Recentemente, Ma et al. investigaram o efeito do FSP na microestrutura e nas propriedades do A356. O FSP resultou numa quebra significativa das partículas aciculares grosseiras de Si e dos dendritos primários de alumínio, criou uma distribuição homogénea das partículas de Si na matriz de alumínio e quase eliminou toda a porosidade da fundição. Estas modificações microestruturais melhoraram significativamente as propriedades mecânicas do A356 fundido, em particular a ductilidade e a vida útil à fadiga. (Mishra *et al.*, 2005)

1.6 Necessidade do presente estudo

O alumínio é o metal mais popular e amplamente utilizado. Cerca de 85% do alumínio é utilizado em produtos forjados, por exemplo, chapas laminadas, folhas e extrusões. O alumínio é leve, resistente à corrosão e tem um baixo ponto de fusão, mas a sua grande limitação é a dificuldade associada à soldadura de estruturas de alumínio/ligas de alumínio. Além disso, a baixa dureza e resistência do alumínio ou das suas ligas também limitam a sua utilização, especialmente em aplicações tribológicas. Os trabalhos de investigação efectuados por alguns investigadores revelam que a técnica de processamento por fricção pode ser utilizada com êxito para a modificação microestrutural, o melhoramento das propriedades da superfície, como a microdureza, a resistência ao desgaste, etc., do alumínio ou das suas ligas. A maior parte do trabalho de investigação relativo ao alumínio/ligas de alumínio é dedicada à investigação das alterações microestruturais e ao melhoramento das propriedades mecânicas obtidas por soldadura por fricção (FSW). Os trabalhos relativos ao melhoramento das propriedades superficiais das ligas de alumínio/alumínio através do processamento por fricção (FSP) são bastante escassos.

Nesta perspetiva, o objetivo é investigar a microestrutura e as propriedades mecânicas, por exemplo, a microdureza e a resistência ao impacto, da liga de alumínio da série 6063. Ainda há muito espaço para realizar o trabalho relacionado com a melhoria das propriedades da superfície de um material através do processamento por fricção (FSP).

1.7 Capítulo Esquema

Capítulo 1: Introdução

Neste capítulo, foi feita uma introdução sobre todo o tema FSP. A introdução consiste em todos os parâmetros importantes relativos ao processo FSP. O capítulo é constituído pela ferramenta utilizada para o processo, pelo design das diferentes ferramentas e pela configuração geral

Capítulo 2: Revisão da literatura

Neste capítulo, são discutidos resumidamente os diferentes trabalhos de investigação efectuados por diferentes investigadores e os respectivos resultados. Neste capítulo, são discutidos os resultados obtidos após experiências com diferentes materiais e respectivos parâmetros.

Capítulo 3: Procedimento experimental

Neste capítulo, são descritos os pormenores experimentais do presente estudo. Neste capítulo, são dados pormenores sobre a experiência realizada com os parâmetros seleccionados e são discutidos os testes após a experiência.

Capítulo 4: Resultados e discussão

Neste capítulo, são discutidos os pormenores sobre os resultados obtidos após os ensaios das amostras experimentais e os seus efeitos. Contém informações sobre a avaliação da microestrutura, a dureza e o ensaio de impacto efectuados nas amostras.

Capítulo 5: Conclusões e âmbito futuro

No último capítulo, os resultados obtidos após os ensaios são comparados entre si e é feita uma conclusão após a discussão e verificação de todos os parâmetros e é discutido o avanço do estudo no futuro.

CAPÍTULO 2

REVISÃO DA LITERATURA

2.1 Revisão da literatura relacionada

Segue-se a revisão da literatura sobre a técnica de processamento por fricção:

Akramifard *et al.,(2013)* estudaram o efeito do fabrico através do processamento por fricção e agitação na microestrutura e nas propriedades mecânicas do compósito de matriz metálica Cu/SiC. Foram utilizadas folhas de Cu comercialmente puro com as dimensões de 100 mm x 70 mm x 5 mm como metal de base. As partículas de SiC (25 pm) foram utilizadas como reforço. As velocidades de rotação e de deslocação constantes foram de 1000 rpm e 50 mm/min. A SZ tem grãos finos e equiaxiais e a distribuição das partículas de SiC na matriz é quase uniforme. A zona estriada apresentou uma maior microdureza e um melhor comportamento ao desgaste.

Anvari *et al.,(2013)* estudaram as características de desgaste da camada nanocompósita de superfície Al-Cr-O fabricada na placa Al6061 por processamento por fricção. As placas Al6061-T6 disponíveis no mercado com 13 mm de espessura foram utilizadas como material de base. Os parâmetros de processamento óptimos para o FSP incluíram uma velocidade de deslocação de 100 mm/min e uma taxa de rotação de 630rpm com um ângulo de inclinação de 3'. Foi introduzido um novo procedimento para a aplicação das partículas de reforço, no qual o pó de Cr2O3 foi aplicado na placa Al6061 por pulverização de plasma atmosférico e, em seguida, o FSP foi realizado durante seis passagens na placa. O FSP produziu uma distribuição homogénea das partículas de reforço na zona do nugget sem quaisquer defeitos. O FSP reduziu a resistência ao desgaste do Al6061-T6 sem reforço devido à perda de precipitados de endurecimento durante o processo. O mecanismo de desgaste do nano-compósito foi diferente do das amostras de Al recebidas e das amostras submetidas a FSP. O adesivo e o abrasivo são os mecanismos de desgaste dominantes para as amostras de Al6061-T6 e FSPed recebidas, enquanto os resultados mostraram desgaste por delaminação para o nanocompósito. A dispersão de partículas de reforço como fase cerâmica dura em Al melhora a resistência ao desgaste

Aruri *et al.,(2011)* estudaram o efeito do FSP de 3 passagens na superfície do compósito AA6061 /SiCp fabricado por Friction Stir Processing. Partículas comerciais de SiC (tamanho médio: 20pm) e chapa laminada AA6061 (espessura: 4mm) foram usadas para fabricar o compósito por FSP. Foi preparada uma ranhura com dimensões de 3mm de largura e 3mm de profundidade na liga de Al. A ferramenta FSP foi feita de aço H13 e tinha um ombro cilíndrico (24mm) com um perfil de pino cónico aparafusado (8 mm). No início da FSP, a ranhura foi preenchida com partículas de SiC e coberta com uma ferramenta FSP modificada que tinha apenas um ombro sem pino para evitar que as partículas de SiC fossem deslocadas para fora da ranhura. Os parâmetros FSP, tais como a velocidade de rotação da ferramenta e a velocidade de deslocação, foram seleccionados para 1400rpm e 40mm/min, respetivamente. Observa-se que, após a primeira e a terceira passagem do FSP, as partículas de SiC estavam uniformemente distribuídas na zona de agitação sem qualquer defeito. Isto deveu-se à ação de agitação gerada em cada passagem pela ferramenta rotativa. Não há reação entre o SiCp e o metal de base devido ao processo de estado sólido. Na terceira passagem, as partículas reforçadas foram facilmente envolvidas pelo amolecimento do metal e rodadas com a ferramenta FSP em vez da primeira passagem. Observou-se que a microdureza da primeira passagem do compósito FSPed na zona da pepita é mais elevada do que a da liga de Al como-recebida, que foi medida como 104Hv. Considera-se que o valor mais elevado foi obtido devido ao efeito de fixação e à presença de partículas duras de SiC. Na terceira passagem do compósito FSPed, a microdureza foi inferior à da primeira passagem e à da liga de Al recebida, o que se deve ao facto de o material se ter tornado mais macio e ao efeito de recozimento da entrada de calor durante o processo. No ensaio de corrosão por imersão estática, o compósito FSP AA6061 /SiCp apresentou uma resistência à corrosão significativamente maior na primeira passagem do que na terceira passagem e na liga de Al recebida.

Bauri *et al.,(2011)* estudaram o efeito do processamento por fricção (FSP) na microestrutura e nas propriedades do compósito Al-TiC in situ. A placa de compósito fundido foi maquinada com uma espessura de 10 mm para o processamento por fricção (FSP). A placa foi submetida a um FSP de uma e duas passagens em duas pistas separadas. A ferramenta é feita de aço para ferramentas M2 e consiste essencialmente num ombro e num pino. O diâmetro do ombro é de 12 mm e o pino tem 4 mm de diâmetro e 3,5 mm de comprimento. Foi utilizada uma velocidade de rotação de 1000rpm e uma velocidade de deslocação de 60mm/min. Foram efectuados ensaios de caraterização da microestrutura, dureza e tração para avaliar o efeito do FSP nas propriedades mecânicas do compósito Al-TiC. A dureza do material de base era de 38 Hv e, após uma passagem única, aumentou para 48 Hv e, após uma passagem dupla, aumentou ainda mais para 58 Hv. A homogeneidade melhorada da distribuição das partículas após FSP dá origem a um endurecimento por dispersão mais eficaz. O refinamento do grão e a elevada densidade de deslocação também contribuem para o aumento da dureza. A resistência à tração do material de base era de 88 mpa, aumentou para 103 mpa após 1 passagem, e aumentou ainda mais para 123 mpa após 2 passagens. Uma melhor homogeneidade da distribuição das partículas dá origem a um melhor reforço da dispersão. É obtido um tamanho de grão mais fino após a FSP de dupla passagem, o que dá origem a um aumento adicional da resistência.

Cavalierea *et al.,(2005)* investigaram as propriedades mecânicas de tração da liga 7075 AL à temperatura ambiente e a temperaturas mais elevadas e diferentes taxas de deformação na zona de nugget para analisar as propriedades superplásticas do material recristalizado para observar as diferenças em relação ao material parental em função do forte refinamento do grão devido ao processamento por fricção, revelaram a formação clássica de uma estrutura elíptica em forma de cebola no centro do espécime, esta é uma estrutura caracterizada por recristalização fina e equiaxial. A microdureza atinge um valor de 124 Hv no centro e, depois de aumentar em ambos os lados, começa a diminuir após um máximo (141 Hv) a uma distância de 3,5 mm do centro. Os resultados mecânicos são muito bons, tendo em conta as condições drásticas a que o material é submetido durante o processo de fricção, os resultados do módulo de elasticidade são muito diferentes em relação ao material de origem, a resistência e a ductilidade do material aumentaram fortemente na zona da pepita em relação ao material na direção transversal. Os valores muito elevados de deformação até à fratura atingidos pelo material estudado a altas temperaturas resultam no comportamento superplástico muito atrativo exibido por estas ligas. As superfícies de fratura dos provetes ensaiados em diferentes condições de temperatura e taxas de deformação foram extensivamente investigadas utilizando um microscópio FEGSEM, revelando os defeitos resultantes do processo de fricção e os mecanismos microscópicos que ocorrem durante a deformação a quente. Os resultados mostraram a manutenção de propriedades mecânicas elevadas em relação ao metal de base.

Cavaliere ***et al.,(2006)*** estudaram o efeito do processo de Friction stir na liga de magnésio AZ91 produzida por fundição sob alta pressão. O material foi produzido por HPDC na forma de ensaios especiais de 2,5mm de espessura. O material foi tratado em solução a 415°C durante 2 h, de modo a amolecer a liga antes do processamento da ferramenta. O material foi sujeito ao processamento por fricção utilizando uma ferramenta plana de aço C60 com uma velocidade de rotação de 700 rpm e uma velocidade de deslocação de 2,5 mm/s. O material foi processado por fricção, mostrando bons valores de resistência e ductilidade à temperatura ambiente devido à estrutura muito fina obtida pelo processamento. O FSP produz um forte aumento das propriedades mecânicas em relação ao material não agitado com um aumento do alongamento até à rotura acompanhado de um forte aumento da resistência devido à estrutura recristalizada muito fina e à ausência de porosidade produzida pelo processo de agitação. No HPDC como material recebido, de facto, foram observadas grandes porosidades e formação de óxidos nas superfícies de fratura. Estes vazios desaparecem após a FSP e não se observa a presença de óxidos nas superfícies de fratura. As partículas de óxido são, em

De facto, o material é quebrado numa forma muito fina devido à ação da ferramenta e reduzido a uma dimensão muito menor do que no caso do material fundido.

Choi ***et al.,(2013)*** investigaram a microestrutura e as propriedades mecânicas de compósitos à base de A356 utilizando o processo de fricção. O material utilizado neste estudo foi uma peça de liga de Al A356 com dimensões de 140 mm*70 mm 4 mm. As observações microestruturais foram realizadas nas secções transversais perpendiculares à direção do FSP por microscopia ótica (OM) e microscopia eletrónica de varrimento (SEM). O perfil de dureza Vickers da zona de agitação (SZ) foi medido. As propriedades mecânicas da SZ com partículas de SiC, em comparação com a BM e a SZ sem SiC, foram melhoradas pelas partículas de Si e SiC dispersas e pela microestrutura homogénea.

Darras ***et al. (2010)*** efectuou uma experiência com a liga de magnésio AZ31 comercial. Realizou uma experiência com 3 amostras, 1 como amostra não processada, 2 amostras processadas a 1200 rpm e 22 polegadas/minuto de alimentação, e 3rd amostras com as mesmas rpm mas com uma taxa de alimentação aumentada para 25 polegadas/minuto, observou que o FSP produziu uma microestrutura mais homogénea. A amostra não processada tem um tamanho de grão de 6pm, a amostra 2nd mostrou um refinamento do tamanho de grão de 3-4pm. Observou que o aumento da velocidade de rotação diminui a dureza.

Deepak ***et al.,(2013)*** prepararam o compósito de superfície 5083 Al-SiC por FSP e verificaram as suas propriedades mecânicas. A amostra da liga 5083-Al em forma de placa (Comprimento: 150 mm, Largura: 100 mm, Espessura: 6 mm) foi selecionada com o objetivo de realizar o FSP. A microestrutura, o ensaio de desgaste e a microdureza são verificados. A microdureza é aumentada de 44HV para 84 HV. A resistência ao desgaste da amostra FSPed é inferior à observada para o 5083Al, apesar da sua maior dureza.

Devaraju ***et al.,(2013)*** investigaram o efeito da velocidade de rotação e das partículas de reforço, como o carboneto de silício (SiC) e a alumina (Al2O3), no desgaste e nas propriedades mecânicas de compósitos híbridos de superfície à base de ligas de alumínio fabricados através do processamento por fricção. O material de base utilizado neste estudo é a liga de alumínio 6061 com 4 mm de espessura. A velocidade de deslocação da ferramenta de 40 mm/min, a força axial de 5 KN e o ângulo de inclinação da ferramenta para a frente de 2,5' ao longo da linha central foram utilizados no FSP. Verificou-se a microestrutura da zona agitada e as propriedades mecânicas, como o desgaste, a tração e a microdureza. A microdureza aumentou, as propriedades de desgaste e de tração diminuíram em comparação com o metal de base.

Elangovan ***et al.,(2008)*** estudaram as influências do perfil do pino da ferramenta e da força axial na formação da zona de processamento por fricção na liga de alumínio AA6061. As chapas laminadas de 6 mm de espessura da liga de alumínio AA6061 foram cortadas nas dimensões pretendidas (300*150 mm) por corte com serra eléctrica e retificação. Foi preparada uma configuração de junta de topo quadrada para fabricar juntas FSW. Foram utilizadas ferramentas não consumíveis de aço de alto carbono para fabricar as juntas. Foi utilizada uma máquina de conceção e desenvolvimento nacional (15 HP; 3000 RPM; 25 kN) para fabricar as juntas. Foram utilizados cinco perfis diferentes de pinos de ferramentas para fabricar as juntas. Utilizando cada ferramenta, foram fabricadas três juntas com três níveis de força axial diferentes e, no total, 15 juntas (5*3). Todas as juntas fabricadas nesta investigação foram analisadas com uma ampliação reduzida (10X) utilizando um microscópio ótico para revelar a qualidade das regiões FSP. Das três juntas fabricadas com a ferramenta perfilada de pino cilíndrico reto, apenas a junta fabricada com uma força axial de 6 kN é considerada defeituosa. Do mesmo modo, no caso das juntas fabricadas com uma ferramenta perfilada de pinos cilíndricos cónicos, a junta fabricada com uma força axial de 6 kN é considerada defeituosa. Em contrapartida, as juntas fabricadas com a ferramenta perfilada de pinos cilíndricos roscados, a ferramenta perfilada de pinos quadrados e a ferramenta perfilada de pinos triangulares não apresentam qualquer tipo de defeito, independentemente da força axial aplicada. A partir da análise da macroestrutura, pode inferir-se que a formação de uma zona FSP sem defeitos é função do perfil da ferramenta e da força axial aplicada. Dos cinco perfis de pinos de ferramenta utilizados nesta investigação para fabricar as juntas, as ferramentas com perfil de pino quadrado produzem uma região FSP sem defeitos e de boa qualidade, independentemente dos níveis de força axial aplicados. Das 15 juntas fabricadas nesta investigação, a junta fabricada com a ferramenta de perfil de pino quadrado a uma força axial de 7 kN apresentou propriedades de tração superiores. Uma região FSP sem defeitos, grãos mais pequenos com precipitados de reforço mais finos uniformemente distribuídos na região FSP e uma dureza mais elevada são as razões para as propriedades de tração superiores das juntas acima referidas.

Giles ***et al., (2008)*** estudaram o efeito do processamento por fricção na microestrutura e nas propriedades mecânicas de uma liga de alumínio e lítio. Para este estudo, duas placas, cada uma com aproximadamente 580 X 380 X 13 mm de tamanho, foram seccionadas a partir de uma placa AA2099 laminada. A ferramenta tinha um ombro com 25 mm de diâmetro e um pino roscado com 12,7 mm de diâmetro e 12,5 mm de profundidade. O processamento foi efectuado a 400 rotações por minuto (rpm) e a uma velocidade de deslocação de 127 mm m-1. Os grãos alongados, tipo panqueca, tipicamente produzidos no processamento termomecânico convencional desta liga, são substituídos por grãos equiaxiais durante o FSP. Após o FSP, a dureza diminui acentuadamente de um valor de 57 HRB na zona de agitação perto da superfície em contacto com o ombro da ferramenta para um valor de 23 HRB perto do fundo da zona de agitação.

Após o recozimento durante 24 horas para reenvelhecer o material após FSP, a dureza da zona de agitação diminui ainda mais para um valor de ~30 HRB na superfície superior, mantendo um valor de dureza de ~23 HRB na parte inferior. Ao aumentar ainda mais o tempo de recozimento, a dureza aumenta uniformemente em toda a placa. Assim, após 72 horas de recozimento após FSP, o valor de dureza perto da superfície é de ~73 HRB, enquanto a dureza perto do fundo da zona de agitação é de ~59 HRB. Não foi observada qualquer diferença apreciável na resistência à tração ou ao escoamento.

Hsu ***et al.,(2005)*** prepararam um compósito Al-Al2Cu de granulação ultrafina produzido in situ por processamento por fricção. Os materiais de partida utilizados são pó de alumínio puro (99,7% de pureza, _325 mesh) e pó de cobre puro (99,5% de pureza, _320 mesh). O teor de cobre da liga é de 15 at. % (designado por Al-15Cu). Os pós pré-misturados da liga Al-15Cu foram compactados a frio num pequeno lingote (12 x 12 x 88 mm) num molde de aço, fixado com uma pressão de 225 MPa. Para melhorar a resistência do lingote e facilitar o manuseamento em FSP, o compacto verde foi sinterizado durante 20 minutos ao ar a 773 K ou 803 K. O pino da ferramenta utilizado é o padrão M1.2*6. Foi utilizada uma velocidade de rotação da ferramenta de 700 rpm, no sentido contrário ao dos ponteiros do relógio, e a ferramenta rotativa foi deslocada a uma velocidade de 45 mm/min ao longo do eixo maior do lingote. A fim de obter um sólido totalmente denso a partir de um pó compacto, foram aplicadas duas passagens FSP ao lingote. O FSP resultou num aumento significativo da dureza de 80 Hv no BM para 160 ± 14 Hv no SZ. As observações da microestrutura indicaram que o Cu reagiu quase completamente com o Al para formar partículas finas de Al2Cu num curto período de tempo de FSP. Este trabalho demonstrou que os compósitos de matriz de alumínio reforçados com intermetálicos Al2Cu com estrutura de grão ultrafino podem ser fabricados in situ por FSP. Os compósitos de Al-Al2Cu assim formados são totalmente densos e as partículas de Al2Cu estão distribuídas de forma bastante homogénea

Hsu ***et al.,(2006)*** investigaram as propriedades dos nano-compósitos Al-Al3Ti produzidos in situ por processamento por fricção. Os materiais de base utilizados foram o pó de alumínio e o pó de titânio. Os teores de titânio de 5, 10 ou 15 at. % foram pré-misturados com pó de alumínio. Os pós de liga Al-Ti pré-misturados foram compactados a frio em biletes de 12 X 20 X 88 mm numa matriz de aço, utilizando uma pressão de 225 MPa. Para melhorar a resistência do bilete e facilitar o manuseamento em FSP, o compacto verde foi sinterizado durante 20 minutos ao ar a 823 K. O pino da ferramenta utilizado em FSP é um padrão M1.2*6. Foi utilizada uma rotação da ferramenta no sentido contrário ao dos ponteiros do relógio com uma velocidade de 700 ou 1400 rpm, e a ferramenta rotativa foi deslocada a uma velocidade de 45 mm/min ao longo do eixo maior do lingote. O XRD foi utilizado para identificar as fases presentes na SZ dos espécimes durante o FSP. Os padrões de difração mostraram que o Ti reagiu com o Al para formar Al3Ti, mas algum Ti não reagido permaneceu após quatro passagens FSP. Após FSP, o tamanho médio das partículas de Ti é refinado de 40 pm para cerca de 1-5 pm. Para o Al-15Ti após 4 passagens FSP, a fração volumétrica de Al3Ti é próxima de 0,5, o que resulta num valor de dureza de 200 Hv. Microestruturas típicas que mostram um grande número de partículas finas de Al3Ti uniformemente dispersas numa matriz de Al de granulação ultrafina. As partículas finas de Al3Ti foram encontradas no interior do grão, bem como ao longo dos limites do grão da matriz de Al. As partículas de Al3Ti foram identificadas através da utilização de difração de electrões.

Jiang ***et al.,(2011)*** estudaram o efeito das partículas de NANO-SiO2 reforçando a liga de magnésio produzida por processamento de fricção. O processamento por fricção (FSP) foi utilizado para produzir compósitos SiO2/AZ31 para aumentar a dureza da matriz AZ31. A matriz metálica utilizada foi a liga de magnésio AZ31 com partículas de Nano-SiO2 com tamanhos médios de ~20 nm, disponíveis comercialmente e utilizadas como partículas de reforço. A liga de Mg AZ31 foi maquinada numa placa e uma ranhura com as dimensões de 3 mm de largura e 2,5 mm de profundidade no centro de uma superfície testada. Primeiro, as partículas de nano-SiO2 foram colocadas na ranhura. Em seguida, a sonda foi inserida na ranhura preenchida pelas partículas de nano-SiO2 e deslocada com uma velocidade de rotação de 1200 rpm e uma velocidade de deslocação de 50 mm/min. As microestruturas foram observadas por microscopia ótica (MO) e microscopia eletrónica de varrimento (SEM). O MEV foi utilizado para examinar as microestruturas com dispersão de partículas. Os testes de dureza Vickers foram realizados utilizando uma carga de 300 g durante 15 s na superfície da placa antes e depois do FSP. As partículas de Nano-SiO2 foram dispersas com sucesso na liga de magnésio AZ31 através do processamento por fricção (FSP). As microestruturas e as alterações de microdureza antes e depois do FSP foram investigadas por OM, SEM e testes de dureza Vickers. As partículas de SiO2 foram uniformemente dispersas na matriz AZ31 após o FSP com tamanhos inferiores a 0,2 pm. O tamanho dos novos grãos desenvolvidos na zona composta é inferior a 1 um e muito mais fino do que nas regiões fora da zona agitada. A dureza dos compósitos SiO2/AZ31 foi de 90 Hv e é cerca de 1,83 vezes superior à da AZ31 recebida.

Kurt ***et al.,(2011)*** investigaram a modificação da superfície do alumínio através do processamento por fricção. Os materiais de partida foram placas laminadas a frio da liga de alumínio 1050. A superfície das placas foi limpa com papel abrasivo antes do processamento. O tamanho médio das partículas de SiC era de cerca de 10_m. As partículas de SiC foram adicionadas a uma pequena quantidade de metanol e misturadas, sendo depois aplicadas à superfície das placas para formar uma camada fina de partículas de SiC. Não foi adicionado qualquer aglutinante à mistura. As dimensões da peça de trabalho eram 50mm*100mm*5mm. A ferramenta foi fabricada em aço AISI 1050. A ferramenta foi rodada no sentido dos ponteiros do relógio a uma velocidade de rotação de 500-700-1000 rpm, com o ombro rotativo de 0,1 mm inserido na peça de trabalho. As velocidades de deslocação foram de 15-20-30 mm/min. Foram efectuadas observações microestruturais e testes de microdureza Vickers nas superfícies tratadas. O FSP diminuiu o tamanho do grão e aumentou a dureza do material processado. O aumento da velocidade de rotação e as baixas velocidades de deslocação provocaram uma maior entrada de calor que afecta a espessura da camada superficial, o tamanho do grão e a distribuição dos precipitados e das partículas de reforço. Uma boa dispersão de SiCp pode ser obtida para a camada de compósito produzida pelos parâmetros 1000rpm e 20 mm/min.

Lee ***et al.,(2008)*** testaram as propriedades mecânicas do nanocompósito Al-Fe in situ produzido por processamento por fricção. Os pós de Al-10Fe foram compactados a frio num pequeno tarugo (12*12*88 mm) numa matriz de aço, utilizando uma pressão de 225 MPa. Para melhorar a resistência do tarugo e facilitar o manuseamento no FSP, o compacto verde foi sinterizado em atmosfera de ar a 823 K durante 20 min. A reação não foi processada após a sinterização, mas a reação começou após o FSP, a dureza do metal processado aumentou, mas a reação não foi completa mesmo após as quatro passagens do FSP. As partículas de reforço foram identificadas como Al13Fe4.

Mahmouda ***et al.,(2010)*** investigaram as características de desgaste da camada de MMCs de superfície híbrida fabricada em placas de alumínio por processamento de fricção. Foram utilizadas placas de alumínio comercialmente puro Al-1050-H24 de 5 mm de espessura como material de base. As misturas de partículas de SiC e Al2O3 em diferentes proporções foram utilizadas como reforço. O pó de reforço foi embalado numa ranhura de 3 mm de largura e 1,5 mm de profundidade cortada na placa de alumínio. Foi utilizada uma folha de alumínio de 2 mm de espessura para cobrir a ranhura preenchida com os pós de reforço para evitar que estes saíssem antes de serem incorporados na matriz de alumínio durante o FSP. A ferramenta foi rodada a uma velocidade de rotação de 1500 rpm, e deslocou-se a uma velocidade de 1,66 mm/s com um ângulo de inclinação de 3°. Aspeto macroscópico das secções transversais das pepitas produzidas por passagens triplas de FSP com diferentes teores relativos de pós de SiC e Al2O3. As partículas de reforço (SiC, Al2O3 ou a sua mistura) foram distribuídas de forma quase homogénea na zona dos nuggets por FSP sem quaisquer defeitos, exceto a formação de pequenos vazios em torno das partículas de Al2O3. A dureza média dos compósitos resultantes aumentou para cerca de 60HV a 100% SiC e diminuiu com o aumento da proporção relativa de partículas de Al2O3. A uma carga normal de 2N, a resistência ao desgaste diminuiu com o aumento da proporção de partículas de Al2O3 no reforço. No entanto, a uma carga normal de 5N, os compósitos híbridos contendo 20% de Al2O3 + 80% de SiC exibiram uma resistência ao desgaste superior a outras proporções relativas das partículas de A12O3 e SiC. A resistência ao desgaste a uma carga normal de 10N foi quase independente das proporções relativas das partículas de Al2O3 e SiC, e foi próxima da amostra FSP monolítica.

Neste estudo, **Morisada** ***et al. (2006)*** utilizaram MWCNTs disponíveis comercialmente (diâmetro exterior: 2050 nm, comprimento: ~250 nm) sintetizados a partir de hidrocarbonetos e uma placa laminada AZ31 (espessura: 6 mm). Os MWCNTs foram colocados numa ranhura (1 mm*2 mm) na placa AZ31 antes da utilização da FSP. A ferramenta FSP feita de SKD61 tem uma forma colunar (Ø12 mm) com uma sonda (Ø 4 mm, comprimento: 1,8 mm). Foi adoptada uma velocidade de rotação constante da ferramenta de 1500 rpm e a velocidade de deslocação variou de 25 a 100 mm/min. Imagens OM e SEM obtidas da superfície dos compósitos fabricados pelo FSP, respetivamente. A dispersão dos MWCNTs na matriz AZ31 foi relacionada com a velocidade de deslocação da ferramenta rotativa. Os MWCNTs emaranhados, que eram semelhantes aos MWCNTs recebidos, puderam ser observados na amostra fabricada por FSP a 100 mm/min. Embora a amostra FSPed a 50 mm/min mostrasse uma melhor dispersão dos MWCNTs, havia algumas regiões que incluíam os MWCNTs agregados. Por outro lado, foi possível observar uma boa dispersão dos MWCNTs, que estavam separados uns dos outros, para a amostra FSPed a 25 mm/min. Apenas a velocidade de deslocação da ferramenta rotativa determinou os calores de fricção na matriz porque a taxa de rotação da ferramenta foi constante (1500 rpm) neste estudo. Considera-se que a velocidade de deslocação de 100 mm/min foi demasiado rápida para produzir um fluxo de calor suficiente para produzir uma viscosidade adequada na matriz AZ31 para a dispersão dos MWCNTs. O FSP com MWCNTs aumenta obviamente a microdureza dos substratos. A microdureza máxima para os compósitos é de 78 Hv, enquanto a da amostra tratada pelo FSP sem MWCNTs e a da amostra como recebida são de 55 e 41 Hv, respetivamente.

Morisada *et al.* *(2009)* estudaram o efeito do aço para ferramentas nanoestruturado fabricado através da combinação da fusão a laser e do processamento por fricção. Neste estudo, foi utilizada uma placa de aço para ferramentas disponível no mercado (SKD11). A superfície da placa foi fundida por aquecimento a laser multi-passos (1kW, LASERLINE LDF-1000 750) para produzir uma zona rapidamente solidificada para o FSP. O FSP foi completamente efectuado na zona de solidificação rápida da SKD11 tratada a laser. A ferramenta FSP feita de metal duro (liga à base de carboneto de tungsténio) tinha uma forma colunar ($^{\varphi}$ 12mm) com uma sonda ($^{\varphi}$ 4mm, comprimento: 0,5 mm). Não foram encontradas lascas e fissuras detectáveis na superfície da ferramenta após o FSP por observação de microscopia ótica. Foi adoptada uma taxa de rotação constante da ferramenta de 400rpm e a velocidade de deslocação constante foi de 400 mm/min. Os grãos da matriz e as partículas de carboneto do SKD11 foram significativamente refinados pela fusão a laser e pelo FSP. A microestrutura e a microdureza foram avaliadas através de observações do tamanho dos grãos e da fase da matriz, e do tamanho e dispersão das partículas de carboneto. A microestrutura de tamanho nanométrico consiste num carboneto fino (tamanho de partícula: ~ 100 nm) e matriz (tamanho de grão ~ 200 nm) fabricados pela combinação de fusão a laser e FSP. O carboneto é do tipo M7C3 para o SKD11 com e sem fusão por laser. O carboneto formado por fusão a laser inclui uma elevada quantidade de ferro e molibdénio quando comparado com o formado por FSP sem fusão a laser. O constituinte microestrutural do SKD11 tratado a laser com e sem o FSP é a martensite e a austenite retida. O SKD11 nanoestruturado tem uma dureza extremamente elevada de cerca de 900HV.

Puviyarasan *et al.,(2011)* Fabricaram e analisaram compósitos de matriz metálica de alumínio reforçados com SiCp a granel utilizando o processo Friction Stir. O metal de base utilizado na experiência foi uma placa laminada de liga de alumínio AA6063-T4 disponível no mercado com uma composição nominal e as partículas reforçadas utilizadas foram pó de Sic verde com um diâmetro médio de ~3 microns e pureza de ~99,9%. A placa de alumínio foi cortada numa forma retangular de dimensão (100*50*10mm). O pino da ferramenta tinha 6 mm de diâmetro e o diâmetro do ombro era de 18 mm. A ferramenta foi rodada no sentido horário; a rotação da ferramenta foi mantida constante a 1000 rpm. A velocidade de avanço foi variada para 30, 40 e 50 mm/min. Foi cortada uma ranhura utilizando uma serra de corte de largura 1,2, 1,5, 1,8 mm e profundidade 6 mm exatamente no centro da placa do espécime. Após o fabrico dos MMCs de Al, a microestrutura da zona de agitação foi observada por microscópio ótico. A mancha de cor preta indica a presença de SiC. A cor amarela indica o metal de base Al. A microdureza do compósito foi testada com uma carga de 0,5 kg. O valor da dureza aumentou de 40 Hv para 62 Hv. A microdureza também é 30% superior à do metal de base.

Qing Su ***et al.,(2005)*** estudaram a evolução da microestrutura durante o FSP de ligas de alumínio de alta resistência. O material de base selecionado para esta investigação foi uma placa de alumínio 7075 com 6 mm de espessura. Foi produzida uma zona processada por fricção numa única passagem a uma velocidade de rotação de 350 rpm e uma velocidade de translação de 12 cm/min. As microestruturas foram investigadas por TEM. Esta evolução das microestruturas sugere que as microestruturas finais do material processado dependem fortemente do projeto da ferramenta, dos parâmetros de processamento e da taxa de arrefecimento.

Ramesh ***et al.,(2012)*** investigaram o efeito do FSP multipasse nas propriedades mecânicas da liga de alumínio 5086. Neste processo foram utilizadas placas de 6mm de espessura com dimensões de 150X110mm. Foi utilizada uma portagem de aço a quente com um ombro plano de 24 mm de diâmetro, um pino cilíndrico de 6 mm de diâmetro e 3 mm de comprimento. A separação entre as passagens subsequentes é de 3 mm. Foi efectuado um total de 12 passagens. Os parâmetros de maquinação foram mantidos a 1025rpm (fixos) e uma taxa de avanço variável de 30mm/min, 50mm/min, 80mm/min, 110mm/min e 150mm/min. Foi utilizado um dispositivo de fixação especialmente concebido para segurar firmemente a placa e uma placa de aço macio como suporte. Neste estudo, foram adoptados dois tipos de métodos de processamento: multipasses, em que o material foi deixado arrefecer até à temperatura ambiente e, depois disso, foi empregue um segundo passe, e o segundo método consiste em empregar continuamente todos os 12 passes subsequentes sem ligar o material para arrefecer. Foram verificadas outras microestruturas, para ambos os métodos, e foram efectuados ensaios de tração e de microdureza. O resultado mostrou que o processo multipasses intermitente apresentou melhores propriedades mecânicas do que o processo multipasses contínuo.

Robson ***et al.,(2010)*** investigaram o mecanismo de evolução microestrutural durante o processamento por fricção (FSP) da liga de magnésio fundido AZ91. Placas rectangulares de AZ91 com dimensões de 630*115*45mm foram fundidas industrialmente em lingote, após o que as superfícies foram maquinadas para obter uma espessura final de placa de 39mm. Os parâmetros de maquinação seleccionados foram a velocidade de 1000rpm e a velocidade de avanço de 160mm/min. A evolução microestrutural durante o processamento por fricção da liga de magnésio fundido AZ91 foi investigada através de um estudo de quebra do pino, em que o pino da ferramenta é induzido a quebrar durante o processamento, seguido de um arrefecimento rápido das imediações para captar a microestrutura.

Sato ***et al.,(2005)*** estudaram o efeito do FSP multipasse numa placa de liga de Mg altamente conformável. No presente estudo foram utilizadas placas de uma liga de Mg AZ91D fundida sob pressão (9 wt% Al e 1 wt% Zn), com 2 mm de espessura. O FSP multi-passos foi aplicado a esta liga utilizando uma ferramenta FSP geral, os parâmetros utilizados foram uma velocidade de deslocação de 12,0 mm/s e uma velocidade de rotação de 800 rpm, e uma velocidade de deslocação de 1,5 mm/s e uma velocidade de rotação de 1200 rpm. A microestrutura do metal de base e do FSPed mostra que o material de base continha muita porosidade, o que é normalmente inevitável nas ligas fundidas sob pressão, enquanto a zona FSPed não apresenta qualquer porosidade ou defeitos. Os tamanhos de grão situam-se entre 2,4 e 2,8 pm na liga FSPed a frio, enquanto que na liga FSPed a quente variam entre 6,9 e 7,3 *pm*. Os tamanhos médios dos grãos foram de 2,7 e 7,0 *pm nas* ligas FSPed a frio e a quente, respetivamente. A diferença no tamanho do grão entre as ligas FSPed a frio e a quente pode ser explicada pela entrada de calor durante a FSP, porque a liga FSPed a frio sofreu uma entrada de calor menor do que a liga FSPed a quente durante a FSP. Deve-se notar que os perfis de tamanho de grão são aproximadamente constantes em todas as ligas FSPed multipasses. Este resultado sugere que o efeito da multi-passagem no tamanho do grão é insignificante.

Sun ***et al.,(2012)*** estudaram o efeito do processamento por fricção na microestrutura e nas propriedades mecânicas de compósitos de Mg de alta resistência reforçados com nano-SiCp. As partículas comerciais de SiC e a placa de liga AZ63 fundida (160 mm x 65 mm x 4 mm) foram escolhidas como partículas reforçadas e metal de base separadamente. Uma ranhura com dimensões de 2 mm x 160 mm x 2 mm foi cortada por uma fresadora antes do FSP. A ranhura foi cortada ao longo da direção longitudinal da placa de metal de base para encher o pó de SiC. Após o enchimento do pó, foi colocada outra placa do mesmo tamanho, sem ranhura, sobre a primeira placa e, em seguida, as duas placas foram colocadas de cabeça para baixo. O pino da ferramenta FSP tinha 4,2 mm de comprimento e 6 mm de diâmetro, e o ombro tinha 20 mm de diâmetro. A velocidade de deslocação da ferramenta FSP era de 20 mm/min e a velocidade de rotação era de 1500 rpm. Neste estudo, foram aplicadas 5 passagens FSP na mesma posição, de modo a que as partículas reforçadas se distribuíssem uniformemente na zona do nugget. As placas sem ranhura também foram processadas por fricção durante 5 passagens na mesma posição como grupo de comparação. A macroestrutura da zona de pepitas era mais uniforme. Assim, a zona nugget na transecção de materiais FSP pode ser facilmente identificada. A área da zona nugget era de cerca de 9 mm x 4 mm, sem defeitos observados. Com a adição de nanopartículas de SiC, a forma da zona de pepitas dos compósitos mudou pouco em relação ao grupo de comparação. Foram observados alguns anéis de cebola e algumas pequenas partículas pretas no centro do compósito. A dureza Vicker média do metal de base, do grupo de comparação e do compósito foi de 80 Hv, 85 Hv e 109 Hv, respetivamente. A resistência à tração final do compósito atingiu 312 MPa, em comparação com 160 MPa da liga de Mg fundida e 263 MPa do grupo de comparação. As partículas de SiC foram encontradas tanto no interior do grão como no limite do grão. As partículas impediram o deslizamento de deslocações, o que melhorou significativamente as propriedades mecânicas do compósito.

Surekha ***et al.,(2009)*** utilizaram o FSP multipassos para verificar o comportamento de corrosão e a caraterização microestrutural do alumínio AA2219. A velocidade transversal não teve qualquer influência significativa no comportamento de corrosão. Foi observado um refinamento de grão na liga após FSP em comparação com o metal de base. O BM mostra um grande tamanho médio de grão de 67,4 μm, enquanto a amostra processada por fricção mostrou um tamanho médio de grão de 6,2 μm na primeira passagem. Com as passagens subsequentes, o tamanho médio do grão mostrou um aumento marginal com as amostras MS2 e MS3 mostrando 6,7 μm e 7 μm, respetivamente. Na zona de pepitas multipasses, a dureza foi inferior à do metal de base. Foram efectuados ensaios de pulverização de sal em solução de NaCl a 5% durante 100 h para avaliar a resistência uniforme à corrosão, que mostrou um aumento significativo da resistência à corrosão à medida que o número de passagens aumentava. A resistência aumenta à medida que o número de passagens aumenta, em comparação com o metal de base. A taxa de corrosão no metal de base é de 15,7 mpy, sendo de 4,5, 4,0 e 3,8 mpy nas amostras MS1, MS2 e MS3.

XingHao ***et al.,(2009)*** utilizaram FSP de duas passagens para produzir microestrutura nanocristalina na liga de magnésio AZ61. Imagens TEM da microestrutura para a liga AZ61 FSP de uma passagem, que mostra que a microestrutura só pode ser refinada à escala submicrónica, com o tamanho de grão de cerca de 500 nm. O processamento de fricção por agitação de duas passagens, combinado com o rápido dissipador de calor, produz uma estrutura nano-granulada para a liga AZ61. Os tamanhos médios dos grãos podem ser refinados para menos de 100 nm. A microdureza mais elevada atinge 155 *Hv,* o que é quase três vezes superior à do substrato AZ61.

Yazdipoura ***et al.,(2009)*** estudaram o efeito da taxa de arrefecimento no Al5083 sujeito a processamento por fricção. A análise AFM foi também utilizada para estudar a microestrutura da superfície das amostras. A estrutura final é consideravelmente refinada, resultando na formação de grãos ultrafinos (UFG) e nano-grãos que variam de 100 a 500 nm. Assim, a microestrutura final é constituída por grãos submicrónicos formados durante a FSP por recuperação dinâmica e recristalização dinâmica contínua, bem como por nanogrãos formados durante a recuperação meta-dinâmica descrita acima. Por outras palavras, no caso desta última, os núcleos nanométricos formados estaticamente são sujeitos a um arrefecimento rápido e não tiveram qualquer hipótese de crescer durante o tempo em que deixaram a ferramenta e foram sujeitos a um arrefecimento rápido. Os resultados mostram também que, embora a entrada de calor na zona de agitação possa controlar os mecanismos de "tamanho dos núcleos" e de "nucleação", a taxa de arrefecimento pode afetar consideravelmente a fase de "crescimento dos grãos".

Zahmatkesh *et al.*,*(2010)* estudaram a evolução microestrutural durante a FSP e os seus efeitos na dureza e resistência ao desgaste da liga Al2024. Foram observados grãos equiaxiais muito finos, devido ao processo dinâmico de recristalização que actua durante a FSP, na zona do nugget. De acordo com os padrões de XRD, a estrutura da amostra como-recebida inclui compostos intermetálicos CuAl2 e CuMgAl2. A dissolução das partículas de CuMgAl2 na ZN ocorreu como resultado de um aumento da temperatura. A ZN apresentou grãos equiaxiais homogéneos e finos com tamanho médio de 4 pm. A dureza máxima foi atingida na ZN (110 Hv). O FSP foi considerado benéfico para melhorar a resistência ao desgaste. O elevado comportamento ao desgaste na ZN é atribuído a um menor coeficiente de atrito e à melhoria da microdureza nesta região.

2.2 Resumo da literatura relacionada

O quadro 2.1 apresenta um breve resumo da literatura relacionada

S. Não.	Autor	Título	Objetivo	Limitações
1	Elangovan *et al.*, 2008	Influência do perfil do pino da ferramenta e da força axial	Para otimizar a resistência à tração, utilizando diferentes perfis de pinos de ferramenta	As juntas fabricadas com uma ferramenta perfilada de pino cilíndrico reto apresentaram propriedades de tração inferiores às das suas congéneres
2	Darras *et al.*, 2007	FSP da liga de magnésio AZ31	Estudar a microestrutura e o valor da dureza	A dureza máxima ocorreu na zona de agitação, o aumento da r.p.m. diminuiu os valores de dureza
3	Surekha *et al.*, *2009*	Processo FSP multipassagem	Factores FSP que influenciam o	Apenas a velocidade de rotação influenciou o

		utilizado na AA2219	comportamento à corrosão	comportamento da corrosão, enquanto a velocidade de deslocação teve uma influência negligenciável
4	Zahmatkesh *et al.*, 2010	FSP utilizado na liga Al2024	Estudar o comportamento do desgaste	Verificou-se que o FSP é benéfico para melhorar a resistência ao desgaste A dureza máxima foi atingida na NZ (110 HV)
5	Cavalier *et al.*, 2005	FSP utilizado em liga de alumínio 7075	Perfil de dureza da zona agitada, ensaios de tração à temperatura ambiente e a temperaturas mais elevadas	A dureza máxima ocorreu a uma distância de 3,5 mm do centro e não no centro.

2.3 Lacunas de investigação

1. FSP multipasse da ferramenta não realizado em AL6063 com parâmetros constantes.

2. A caraterização da microestrutura da liga de alumínio após a passagem múltipla da ferramenta não foi estudada.

3. Não foi efectuado qualquer ensaio de impacto no AL6063 após o FSP.

4. A microdureza não foi estudada após a passagem múltipla da ferramenta

2.4 Objetivo do estudo

1. Estudar o efeito da multipassagem da ferramenta no AL6063 utilizando FSP.

2. Estudar as alterações microestruturais do AL6063.

3. Estudar a resistência ao impacto após a realização de uma experiência de multipasse no FSP.

4. Estudar a microdureza depois de efetuar FSP no AL6063

2.5 Metodologia

- Extrusão de AL6063 na forma pretendida, ou seja, comprimento, largura e espessura da amostra pretendida, composição pretendida de diferentes materiais na base de alumínio.

- Cortar a placa no tamanho pretendido e realizar a experiência na fresadora vertical com os parâmetros seleccionados e realizar o número diferente de passagens FSP.

- Avaliação da microestrutura obtida após a realização da experiência nas amostras de alumínio e comparação dos resultados das diferentes amostras em termos de microestrutura ótica.

- Caracterização da microdureza das diferentes amostras após a realização da experiência com o aparelho de ensaio de dureza de Vicker e verificação do efeito do multipasse na amostra.

- A resistência ao impacto das diferentes amostras deve ser estudada para obter os melhores resultados de resistência ao impacto das amostras obtidas após a experimentação.

CAPÍTULO 3

EXPERIMENTAÇÃO

O processamento por fricção (FSP) foi efectuado utilizando uma máquina de fresagem vertical CNC equipada com uma ferramenta FSP cilíndrica especialmente concebida que era rodada. O metal de base (ou seja, Al 6063) foi fixado num dispositivo especialmente concebido para o efeito, que foi mantido na base da fresadora. A ferramenta FSP foi rodada na superfície do material de base para fabricar ou maquinar a superfície do Al6063. A superfície preparada foi caracterizada por microscopia ótica, microdureza e ensaio de desgaste. Os resultados também foram obtidos para o metal de base (6063Al) para comparação. Os pormenores dos vários equipamentos, técnicas e procedimentos utilizados neste estudo são apresentados neste capítulo.

3.1 Preparação da amostra

A amostra a ser utilizada é uma liga de alumínio com dimensões de 150 mm de comprimento, 100 mm de largura e 6 mm de espessura. A liga selecionada para a experiência é a AL6063. Trata-se de uma liga de alumínio com magnésio e silício como elementos de liga.

Tabela 3.1: Composição física da liga de alumínio 6063

Tabela 3.1: Composição química da placa Al-6063base (Dimensões da placa: Espessura: 6mm, Comprimento: 150mm, Largura: 100mm)	
ELEMENTO	Peso (%)
Si	.600
Mg	.619
Cu	.082
Fe	.350
Mn	.044
Zn	.061
Cr	.007
Ti	.015
Ni	.006
Sn	.024
Pb	.046
Al	97.94

É amplamente utilizado para o fabrico de arquitetura, caixilhos de janelas e portas, tubos e tubagens e mobiliário de alumínio. A composição da liga é:

3.1.1 Aplicação do AL6063:

A liga de alumínio 6063 é normalmente utilizada em:

- Aplicações arquitectónicas
- Extrusões
- Caixilhos de janelas
- Portas
- Acessórios para lojas
- Tubos de irrigação

3.1.2 Fabrico de AL6063:

Classificação do processo

- Trabalhabilidade - Média a frio
- Maquinabilidade - Média
- Soldabilidade - Gás Excelente
- Soldabilidade - Arco Excelente
- Soldabilidade - Resistência Excelente
- Capacidade de brasagem -Excelente

3.1.3 Formulários fornecidos:

- Secção de caixa quadrada
- Secção em caixa retangular
- Canal
- Ângulo igual
- Ângulo desigual
- Barra plana
- Tubo

Fig 3.1 Amostra de liga de alumínio AL 6063

3.1.4 Propriedades do alumínio AL6063:

As têmperas mais comuns para o alumínio 6063 são:

- Liga forjada recozida
- T4 - Tratamento térmico por solução e envelhecimento natural
- T6 - Tratamento térmico em solução e envelhecido artificialmente

Tabela 3.2: Temperaturas da liga de alumínio 6063

Temperamento	O	T4	T6
Tensão mínima de prova 0,2% (MPa)	50	65	160
Resistência mínima à tração (MPa)	100	130	195
Resistência ao cisalhamento (MPa)	70	110	150
Alongamento A5 (%)	27	21	14
Dureza Vickers (HV)	25	50	80

Tabela 3.3: Propriedades físicas da liga de alumínio 6063

Imóveis	Valor
Densidade	2,70 g/cm3
Ponto de fusão	600°C
Módulo de elasticidade	69,5 GPa
Resistividade eléctrica	0,035x10-6 O.m
Condutividade térmica	200 W/m.K
Expansão térmica	23,5 x 10-6 /K

3.1.5 Soldadura de alumínio 6063

- O 6063 é adequado para todos os métodos de soldadura convencionais.
- O fio de soldadura deve ser geralmente da liga 5183 ou da liga 4043.

- Se for necessária uma condutividade eléctrica máxima, utilizar a liga 4043.
- Para obter resistência e condutividade, utilize a liga 5346 e aumente o tamanho da soldadura para compensar a menor condutividade.

A liga de alumínio 6063A é uma variação do alumínio 6063 com maior resistência, mas mantém as mesmas boas qualidades de acabamento de superfície e afinidade com a anodização.

3.2 Configuração do FSP

3.2.1 Geometria da ferramenta:

A ferramenta utilizada no FSP é uma ferramenta cilíndrica feita de aço rápido. Com um comprimento total de 64 mm, em que o comprimento do ombro é de 60 mm e o comprimento da cavilha é de 3,5 mm, o diâmetro do ombro é de 12 mm e o diâmetro da cavilha é de 4 mm. Depois de cortar a ferramenta na forma pretendida, esta é tratada termicamente até M2, para atingir a dureza pretendida de 61 - 62 (Dureza Rockwell).

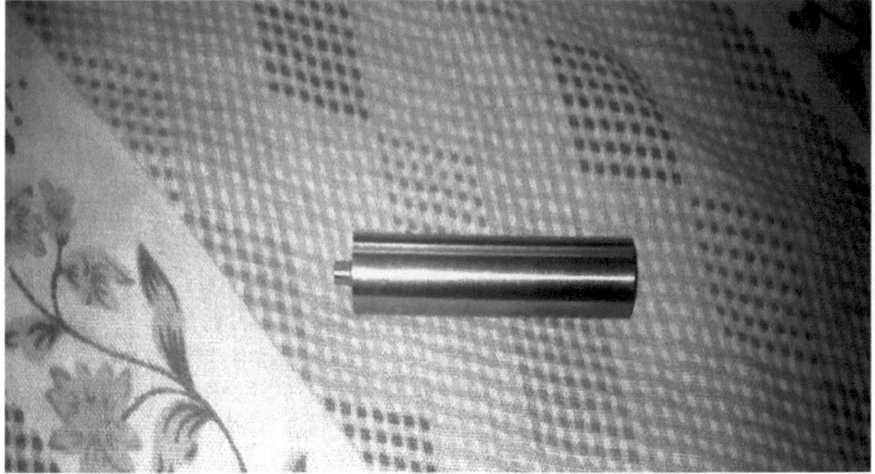

Fig 3.2 Ferramenta FSP

3.2.2 Especificações:

Tabela 3.4: Especificação da ferramenta

Material do pino e do ombro	Aço rápido (M2 tratado termicamente)
Dimensão do ombro	Dia. =12mm, Comprimento = 60 mm
Dimensão do pino	Diâmetro = 4mm, Comprimento = 3,5mm
Dureza da ferramenta	61-62 (Dureza Rockwell)

3.2.3 Fresadora vertical CNC

Foi utilizada uma máquina de fresagem vertical CNC para efetuar o FSP (Fig. 3.3). Uma ferramenta

FSP especialmente concebida foi fixada no eixo vertical e o espécime em forma de placa foi fixado na base com a ajuda de um dispositivo de fixação especialmente concebido. As especificações do CNC da Haas automation Inc, fabricado na América, são apresentadas no quadro seguinte.

Fig 3.3: Fresadora vertical CNC

Tabela 3.5: Especificação da máquina CNC (HAAS Automation)

VF-2SS		
TRAVELS	**S.A.E.**	**METRIC**
X Axis	30''	762 mm
Y Axis	16''	406 mm
Z Axis	20''	508 mm
Spindle Nose to Table (~ max)	24''	610 mm
Spindle Nose to Table (~ min)	4''	102 mm
TABLE	**S.A.E.**	**METRIC**
Length	36 "	914 mm
Width	14 "	356 mm
T-Slot Width	5/8 "	16 mm
T-Slot Center Distance	4.92 "	125.0 mm
Number of Std T-Slots	3	3
Max Weight on Table (evenly distributed)	1500 lb	680 kg
SPINDLE	**S.A.E.**	**METRIC**
Max Rating	30 hp	22.4 kW
Max Speed	12000 rpm	12000 rpm
Max Torque	90 ft-lb @ 2000 rpm	122 Nm @ 2000 rpm
Drive System	Inline Direct-Drive	Inline Direct-Drive
Taper	CT or BT 40	CT or BT 40
Bearing Lubrication	Air/Oil Injection	Air/Oil Injection
Cooling	Liquid Cooled	Liquid Cooled
FEEDRATES	**S.A.E.**	**METRIC**
Rapids on X	1400 in/min	35.6 m/min
Rapids on Y	1400 in/min	35.6 m/min
Rapids on Z	1400 in/min	35.6 m/min
Max Cutting	833 in/min	21.2 m/min
AXIS MOTORS	**S.A.E.**	**METRIC**
Max Thrust X	1995 lb	8874 N
Max Thrust Y	1995 lb	8874 N
Max Thrust Z	3085 lb	13723 N
TOOL CHANGER	**S.A.E.**	**METRIC**
Type	SMTC	SMTC
Capacity	24+1	24+1
Max Tool Diameter (adjacent empty)	5 "	127 mm
Max Tool Diameter (full)	3 "	76 mm
Max Tool Length (from gage line)	11 "	279 mm
Max Tool Weight	12 lb	5 Kg
Tool-to-Tool (avg)	1.6 sec	1.6 sec

Chip-to-Chip (avg)	2.2 sec	2.2 sec
GENERAL	**S.A.E.**	**METRIC**
Air Required	4 scfm, 100 psi	113 L/min, 6.9 bar
Coolant Capacity	55 gal	208 L

3.2.4 Fixação

O dispositivo para segurar a placa de base durante a execução do FSP foi concebido internamente e fabricado na Dhiman Industries, Bathinda. O dispositivo consistia numa base retangular com dimensões de 400 mm x 200 mm x 20 mm. Três números de hastes quadradas com secção em X (25mm x25mm) e comprimento de 300mm foram maquinadas com uma precisão de 5µm. Destas hastes quadradas, duas hastes foram perfuradas com orifícios contra afundados (4 n.ºs) para ajustar parafusos allen de tamanho M10. Estas duas hastes foram fixadas nas extremidades da placa de base retangular. O varão quadrado 2 era também constituído por 3 furos adicionais com roscas internas M12 para acomodar parafusos hexagonais de tamanho M12. O terceiro varão quadrado foi colocado entre os varões quadrados 1 e 2 e era móvel com a ajuda de parafusos hexagonais apertados ao varão quadrado 2. A placa de base para o processo de fricção foi mantida apertada entre os varões quadrados 1 e 3. A placa de base foi também apertada à placa de base retangular com a ajuda de 2 tiras MS (S1 e S2), cada uma aparafusada à placa de base retangular com a ajuda de parafusos hexagonais (M8). Todo o dispositivo mostrado na (Fig. 3.4) foi fixado à placa de trabalho.

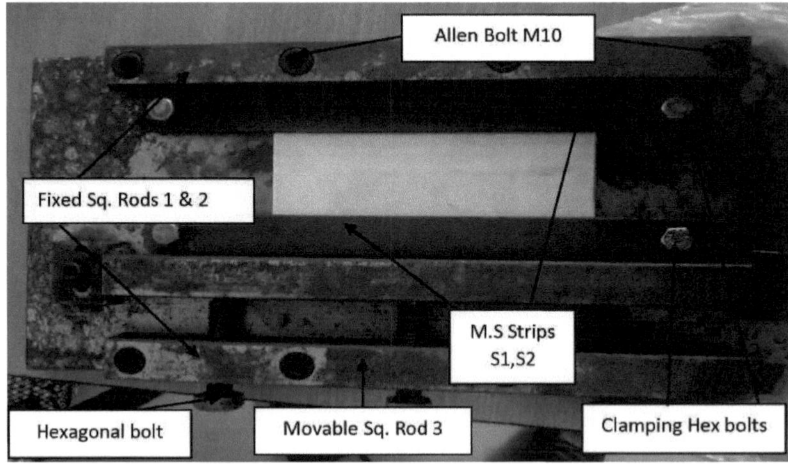

Fig 3.4: Dispositivo utilizado para segurar o espécime durante o FSP

Fig 3.5 mostrando a ferramenta utilizada

3.2.5 Parâmetro de maquinagem

A máquina utilizada para a experimentação é uma fresadora CNC com uma velocidade constante de 1100 RPM e uma taxa de alimentação de 15mm/min.

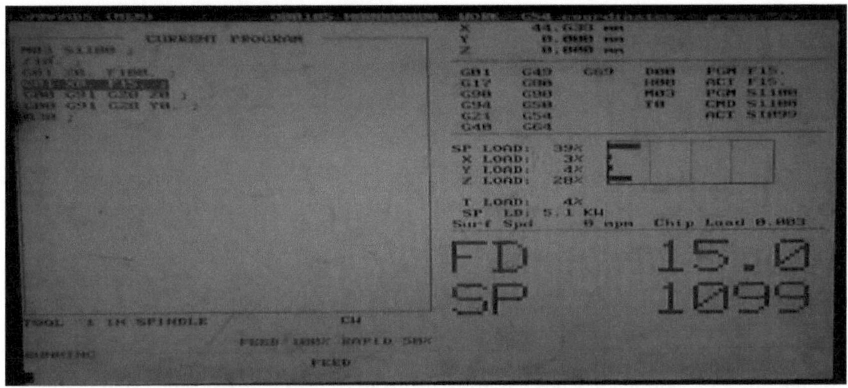

Fig. 3.6 com os parâmetros experimentais

3.2.6 Resultados diferentes após a experiência

Todas as 3 amostras são passadas sob a fresadora vertical CNC (Haas automations) utilizando a ferramenta cilíndrica FSP, com os mesmos parâmetros, a taxa de avanço foi mantida em 15mm/min e a taxa de velocidade foi mantida em 1100rpm, quando a primeira amostra é passada sob a ferramenta, o acabamento superficial gerado não é tão bom. Quando a segunda amostra com duas passagens é maquinada, o acabamento da superfície é bastante bom em comparação com a amostra 1, da mesma forma, a terceira amostra mostra muito pouca melhoria no acabamento da superfície em comparação com ms1, ms2. A ferramenta foi passada ao longo da peça de trabalho de forma transversal, formando o efeito de túnel na peça de trabalho.

As quatro amostras após a experiência são apresentadas abaixo.

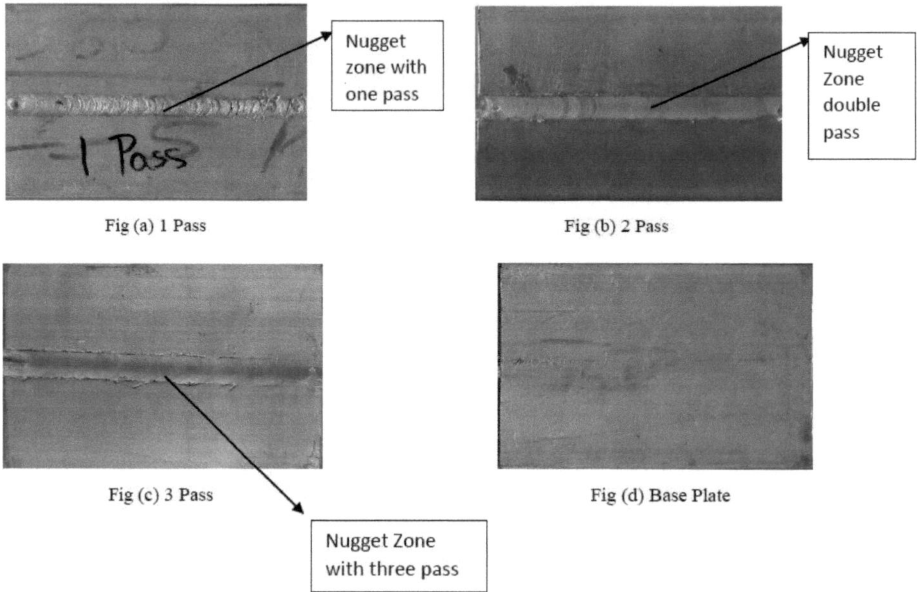

A Fig. 3.7 mostra os resultados das amostras obtidos após a realização da experiência, sendo claramente possível diferenciar o acabamento da superfície ao ver as imagens acima de diferentes amostras.

3.3 Caracterização e ensaio de amostras

Para investigar o efeito da modificação da superfície do 60633Al, as amostras FSP foram submetidas a ensaios de microdureza e desgaste. As microestruturas das amostras foram observadas através de microscopia ótica. Os pormenores dos ensaios e da caraterização realizados no estudo são descritos na secção seguinte.

3.3.1 Exame microestrutural

A microestrutura das amostras foi observada num microscópio ótico invertido (microscópio metalúrgico com analisador de imagem, Make-Qualitech) com interface para PC e software de medição, como se mostra na Figura 3.7.

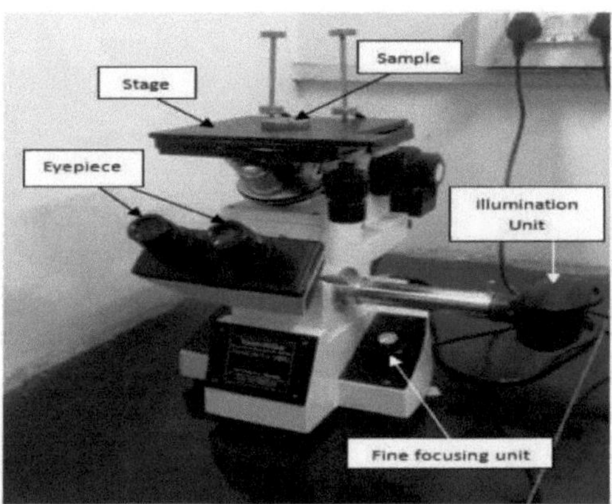

Fig 3.8: Microscópio ótico invertido (Qualitech)

A amostra foi preparada para a visualização da sua microestrutura. Em primeiro lugar, as amostras processadas por fricção foram cortadas em pequenas dimensões ao longo das secções longitudinais e transversais. O corte foi efectuado com a ajuda de uma serra manual, de modo a evitar o aquecimento das amostras, o que poderia causar alterações microestruturais. As peças cortadas foram montadas em plástico termoendurecível. As amostras foram colocadas dentro de um tubo oco (diâmetro = 50 mm, comprimento = 20 mm) com a superfície pressionada para baixo. Uma mistura recém-preparada de pó de polímero de auto-cura e líquido de monómero de auto-cura foi vertida para o interior do tubo oco a partir do topo e a mistura foi deixada a endurecer durante 5 minutos. O processo de montagem foi efectuado numa base metálica com uma superfície lubrificada, de modo a evitar a aderência das amostras montadas à base metálica.

Fig. 3.9: Espécimes montados

As amostras montadas (Fig. 3.8) foram primeiro lixadas na lixadora de cinta plana, seguidas de lixagem manual em sucessivos graus de lixa, começando com lixa de 250 a 400, 800 grossa a fina de 1600 e 2000. O polimento foi efectuado até se obter uma superfície espelhada e sem fissuras. O polimento final foi efectuado numa máquina de polir, utilizando pasta de diamante e água corrente contínua (Fig. 4.9).

Fig. 3.10: Máquina de polir

Para revelar a microestrutura dos espécimes polidos, as amostras foram gravadas com 5% de Nital (0,5 ml de HF em 99,5 ml de H_2 O) durante 5 a 10 segundos, seguido de lavagem com algodão húmido. A superfície gravada foi seca com ar quente forçado para remover vestígios de humidade, caso existissem.

3.3.2 Medição da microdureza

A microdureza das amostras processadas por fricção foi medida em várias zonas da pepita com o aparelho de teste de dureza Microvicker, fabricado pela Akashi (modelo MVK-H2). O tamanho da indentação foi medido com a ajuda de um micrómetro e de uma ocular (com uma ampliação da ordem de 10X e 40X) instalados no aparelho de teste de dureza. A impressão foi criada com a ajuda de um indentador (forma de pirâmide), aplicando uma carga de 100 gms, durante um tempo de permanência de cerca de 10 segundos. A mesa do espécime foi equipada com um micrómetro e um sistema de cremalheira e pinhão para facilitar os movimentos do espécime ao longo dos eixos X e Y. Onde HV é a microdureza das amostras, P é a carga aplicada em Kg e d é o tamanho (diagonal) da impressão em mm.

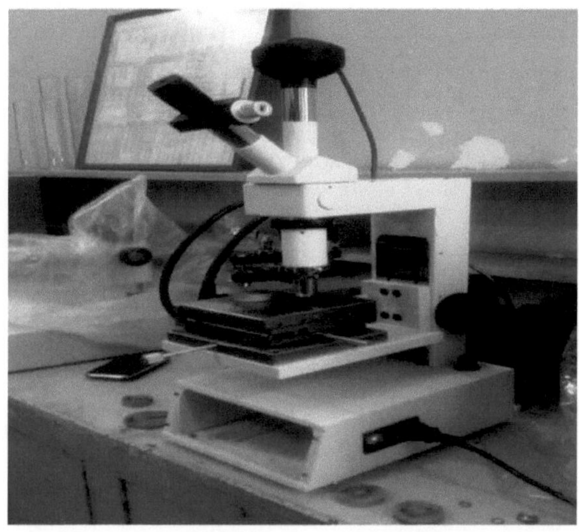

Fig 3.11: Microdurómetro (fabrico Akashi)

3.3.3 Ensaio de impacto

O ensaio de impacto Izod é um método normalizado da ASTM para determinar a resistência ao impacto dos materiais. É libertado um braço mantido a uma altura específica (energia potencial constante). O braço atinge a amostra e parte-a. A partir da energia absorvida pela amostra, determina-se a sua energia de impacto. Geralmente, é utilizada uma amostra entalhada para determinar a energia de impacto e a sensibilidade do entalhe. . O ensaio é semelhante ao ensaio de impacto Charpy, mas utiliza uma disposição diferente da amostra a ensaiar. O ensaio de impacto Izod difere do ensaio de impacto Charpy na medida em que a amostra é mantida numa configuração de viga em consola, em oposição a uma configuração de flexão de três pontos.

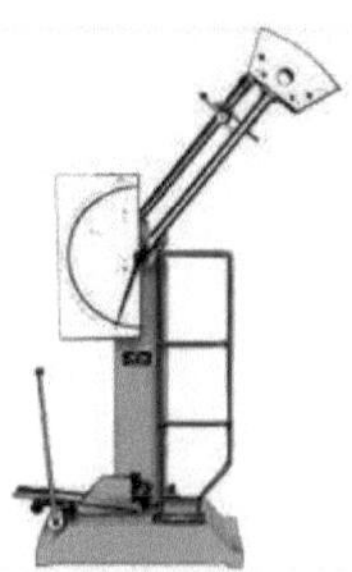

Fig 3.12 Máquina de ensaio de impacto

As três amostras foram testadas com o teste izod. As amostras foram cortadas em 75 x 10x 6. E a resistência das amostras foi medida em joules. A amostra que foi submetida ao ensaio de impacto não foi partida do entalhe devido à elevada ductilidade do alumínio. Mas as imagens que se seguem mostram o efeito do impacto nas amostras de alumínio. A amostra 1, que era uma amostra FSP de passagem única, foi partida ou arrancada do entalhe em relação às amostras 2 e 3 (2 passagens e 3 passagens), que apenas mostraram uma curvatura na amostra em vez de uma quebra ou arrancamento.

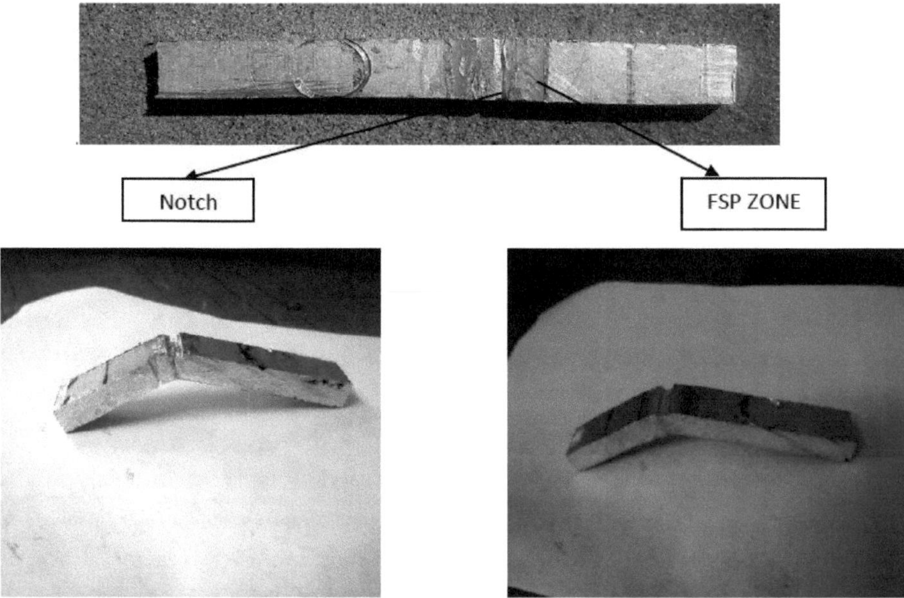

Fig (a) shows the effect of impact on sample 1

Fig (a) shows the effect of impact on sample 2

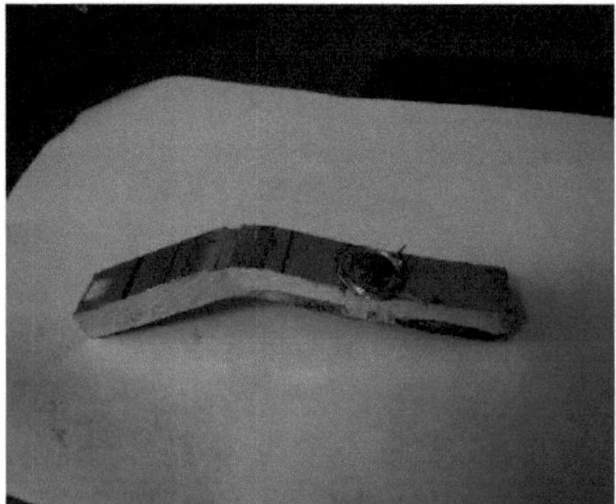

Fig (c) shows the effect of impact on sample 3

A Fig. 3.13 mostra diferentes resultados após a realização do ensaio de impacto em diferentes amostras

3.3.4 Ensaio de dureza Rockwell

O ensaio de dureza Rockwell foi efectuado na amostra Fsped, utilizando a escala B (geralmente para o alumínio) com uma carga de 100 kg, com a esfera do indentador de tamanho 1/16". A tabela seguinte mostra as diferentes cargas utilizadas para os diferentes materiais e o indentador utilizado

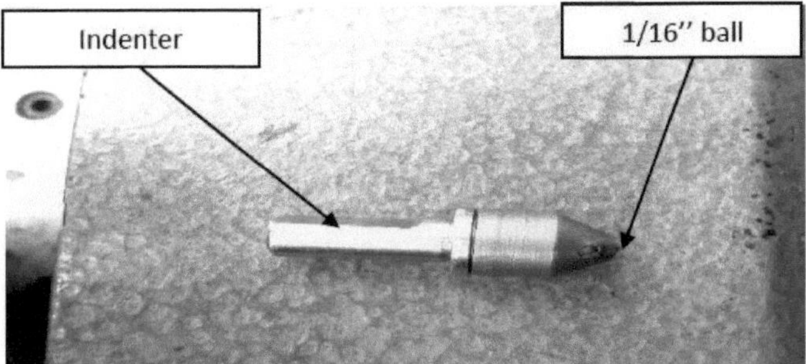

A Fig. 3.14 mostra o tipo de indentador utilizado para efetuar o ensaio Rockwell

A Fig. 3.15 mostra o aparelho de teste de dureza Rockwell a segurar a amostra

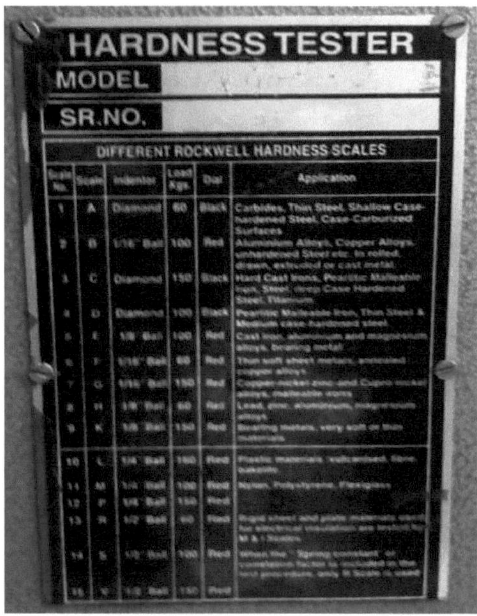

Fig. 3.16: Especificações do aparelho de ensaio de dureza

O ensaio é efectuado utilizando uma ferramenta de indentação, em diferentes áreas da peça de trabalho, através da qual a dureza pode ser medida em diferentes pontos, e depois de efetuar 3 leituras em cada amostra, a média da leitura é calculada e indicada como dureza Rockwell na escala HRB utilizada para ligas de alumínio

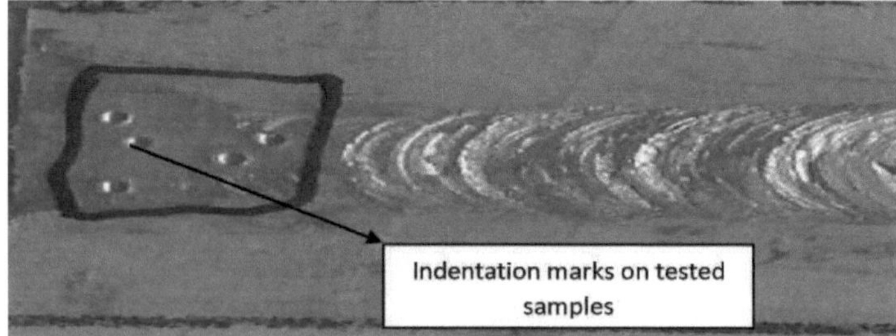

A Fig. 3.17 mostra a amostra testada quanto à dureza

CAPÍTULO 4

RESULTADOS E DISCUSSÃO

A superfície à base de liga de alumínio (6063Al) foi processada com sucesso por friction stir processing (FSP) numa fresadora CNC. As rotações do fuso e a taxa de avanço foram mantidas, respetivamente, em 1100 e 15 mm/min durante o curso do FSP. A ferramenta FSP utilizada para o efeito já foi descrita no capítulo 3.

4.1 Avaliação das propriedades mecânicas

Após o processamento por fricção, as amostras foram cortadas para avaliar as propriedades mecânicas como a microdureza, a microestrutura e a resistência ao impacto da liga FSP e da liga de base.

4.1.1 Ensaio de microdureza

A microdureza das amostras foi medida entre as zonas de pepitas. Os perfis de microdureza medidos ao longo da superfície superior da amostra são mostrados na Fig. 4.1. As medições de dureza foram efectuadas no lado superior da zona FSP. Da mesma forma, a microdureza da liga de base também foi medida. Observa-se que o valor da dureza na zona FSPed é significativamente mais elevado do que o observado para a liga de base. O perfil de dureza mostra que a dureza é máxima (62HV) da zona FSPed MS 3(3 Pass). As medidas de microdureza do 2nd passe foram observadas MS 2 50 HV e do primeiro passe foi 60 HV. No entanto, a microdureza da liga de base permanece quase uniforme, variando entre 47 e 49HV. Na segunda passagem do compósito com FSP, a microdureza foi inferior à da primeira e da terceira passagem da liga de Al, o que se deve ao facto de o material se tornar mais macio e ao efeito de recozimento da entrada de calor durante o processo. Considera-se que o FSP com as partículas de SiC produz grãos finos de forma mais eficaz devido ao aumento da tensão induzida e ao efeito de fixação das partículas de SiC. A microdureza das amostras com FSP foi também medida ao longo da secção transversal em diferentes locais. A dureza subsuperficial é também máxima na zona do nugget/stir e diminui significativamente à medida que se afasta do centro da zona FSPed. A dureza subsuperficial, a uma dada profundidade, é significativamente maior do que a dureza medida no local correspondente na superfície superior.

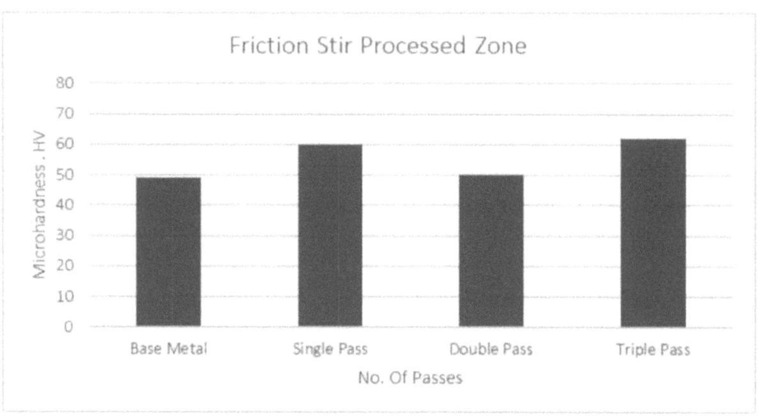

Fig 4.1 Gráfico que mostra a comparação entre os resultados de microdureza

Este resultado é expetável, uma vez que a temperatura atingida durante o processamento aumenta com a velocidade de rotação, o que leva a um maior amolecimento devido ao crescimento do grão, de acordo com a bem conhecida relação Hall-Petch, que afirma que a dureza é inversamente proporcional ao tamanho do grão. Por conseguinte, é possível obter um maior refinamento a velocidades de rotação mais baixas. À medida que a temperatura diminui da superfície para o fundo da chapa, a dureza aumenta. Uma temperatura mais elevada conduz a um maior amolecimento e a um maior crescimento do grão. O perfil de dureza mostra que a dureza máxima ocorre no centro da zona de deformação (pepita). Um resultado interessante também é ilustrado: os valores mínimos de dureza são observados na interface entre a zona termomecânica afetada (TMAZ) e a zona afetada pelo calor (HAZ), onde os valores de dureza são menores do que os do material de base. A queda de dureza na zona afetada pelo calor deve-se ao facto de não haver deformação mecânica (agitação) nessa zona; no entanto, o pico de temperatura atingido é suficiente para amolecer o material perto da pepita.

4.1.2 Dureza Rockwell

O ensaio de dureza Rockwell foi efectuado utilizando um indentador com uma esfera de 1/16", que foi forçado a penetrar na superfície da amostra de ensaio em duas operações, tendo sido medido o aumento permanente da profundidade de identificação nas condições especificadas. A profundidade da indentação é uma medida direta da dureza Rockwell. A dureza foi testada utilizando todas as amostras em diferentes zonas FSPed. Foram efectuadas 2-3 leituras e depois calculada a média das leituras. Neste teste, a amostra da terceira passagem mostrou uma pequena melhoria na dureza em relação ao metal de base. A dureza Rockwell obtida para o metal de base foi de 24 HRB. A primeira passagem mostra um ligeiro aumento da dureza até 26 HRB e, na segunda passagem, a dureza diminuiu para 25 HRB e, após a terceira passagem, a dureza aumentou para 28 HRB. A leitura acima calculada foi a média de 3 leituras efectuadas em pontos diferentes da amostra e a dureza foi calculada utilizando a fórmula:

$$\text{Mean value R} = \frac{R_1+R_2+R_3}{3}$$

Abaixo está o gráfico que compara os diferentes resultados de dureza Rockwell. A dureza Rockwell no centro da zona FSPed é máxima

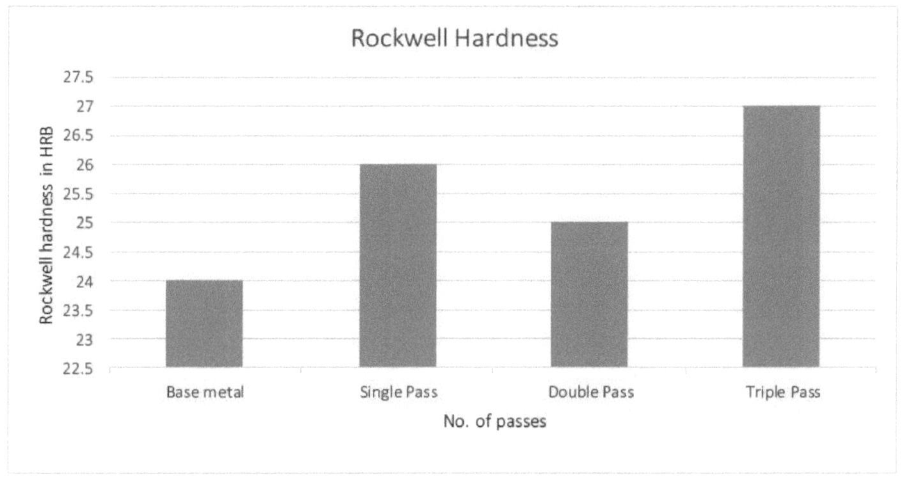

A Fig. 4.3 mostra a comparação entre a dureza Rockwell

A alteração na dureza Rockwell em comparação com o metal de base deve-se ao tratamento térmico das amostras FSPed, porque à medida que a portagem se move transversalmente na peça de trabalho causa fricção e, devido a essa fricção, é gerado um calor elevado que afecta a estrutura do grão das amostras, causando assim a alteração da estrutura do grão que resulta na alteração do valor da dureza da amostra.

4.1.3 Microscopia ótica

As amostras para exame metalográfico foram cortadas da superfície da liga de base e da amostra FSPed. Estas amostras foram lixadas a húmido utilizando vários tipos de papel de esmeril e polidas até obterem um acabamento espelhado utilizando uma máquina de polir e pasta de alumina. O ataque químico das amostras foi efectuado com o reagente 0,5 ml de HF (40%) diluído em 99,5 ml de H_2O destilada antes de visualizar a microestrutura ao microscópio ótico. As micrografias ópticas da liga de base Al-6063 e das amostras FSPed foram visualizadas com uma ampliação de 100 x e estão representadas na Fig. 4.4. A partir destas micrografias, observa-se que o tamanho do grão da amostra FSPed é relativamente mais fino do que o da liga de base. O tamanho de grão grosseiro observado na liga de base conduz a uma ductilidade elevada e a uma dureza baixa em comparação com a amostra FSPed.

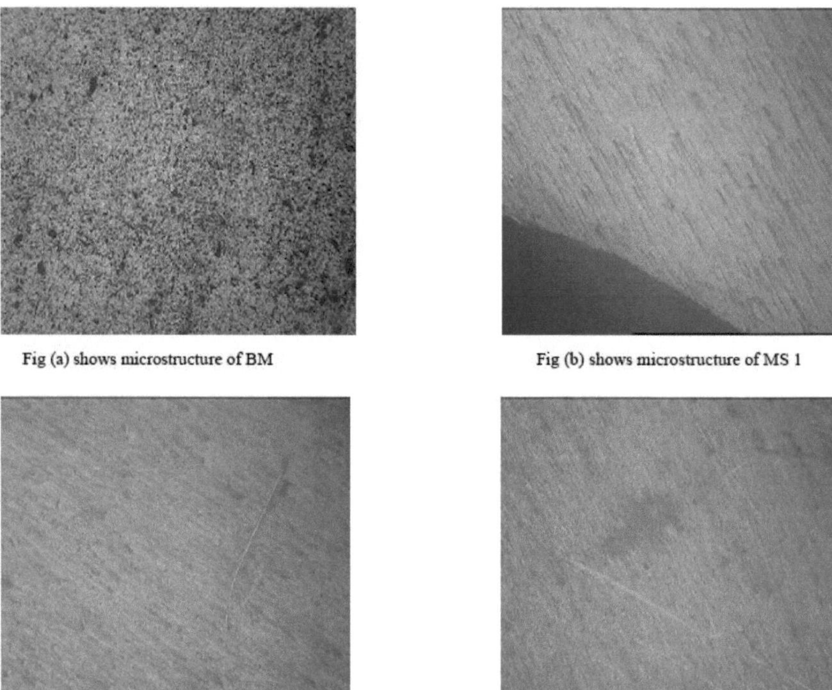

A Fig. 4.4 acima mostra a microestrutura após diferentes passagens no alumínio 6063, verificada com uma ampliação de 100x.

Mas após o processamento do alumínio por FSP, o refinamento do grão ocorre devido à alta temperatura produzida pelo atrito entre as superfícies da ferramenta FSP e a amostra. O tamanho de grão fino observado na amostra FSP é responsável pela sua elevada dureza em comparação com a liga de base. O refinamento do grão na matriz pode ser devido à ocorrência do fenómeno de recristalização dinâmica como resultado da ação mecânica disruptiva do pino da ferramenta FSP. O metal de base tinha uma estrutura de grão grosseiro, após a realização de uma única passagem FSP de silicetos de liga muito finos e uniformemente descontínuos numa matriz de alumínio, foram observados alguns defeitos superficiais no metal de base. Na segunda passagem, foram observados silicetos de liga muito finos distribuídos numa matriz de alumínio. E na terceira passagem, foram observados silicetos de liga muito finos e uniformemente distribuídos numa matriz de alumínio, sem cavidade/fissura/descontinuidade entre a zona processada e o metal de base. A formação destes grãos finos durante a FSP pode ser atribuída à recristalização dinâmica e uma baixa entrada de calor durante a FSP resulta numa estrutura de grãos excecionalmente fina, juntamente com a dissolução dos precipitados. Quando a FSP é efectuada com uma entrada de calor mais elevada, os grãos na pepita são mais grosseiros. Na multipassagem, a entrada de calor é ligeiramente aumentada e, por conseguinte, o pequeno aumento do tamanho do grão na multipassagem pode ser atribuído a este fator. Vários investigadores sugeriram que existe uma diferença no comportamento do fluxo plástico dos materiais durante o FSP. Por conseguinte, é provável que estas diferenças microestruturais resultem do comportamento diferente do fluxo e da entrada de calor. Foi referido que uma velocidade de rotação mais elevada e uma velocidade de deslocação mais baixa provocaram uma maior entrada de calor, e a ferramenta forneceu força de cisalhamento para fazer com que as partículas de silicatos fluam e se dispersem numa região mais vasta. Para fornecer força de fricção e de cisalhamento suficiente às partículas cobertas e evitar a sua aglomeração, os parâmetros do ombro e do processo desempenham um papel preponderante.

4.1.4 Ensaio de impacto Izod

O ensaio de impacto simula as condições de serviço frequentemente encontradas em equipamentos de transporte, agrícolas e de construção, que são frequentemente sujeitos a cargas de impacto e de choque durante golpes e paragens súbitas. A tensão induzida durante a carga de impacto é muito superior à tensão induzida durante a carga gradual.

O ensaio de impacto izod foi efectuado em todas as amostras FSPed, utilizando uma máquina de ensaio de impacto. Este ensaio revelou uma diminuição da resistência ao impacto em comparação com o metal de base AL6063. Observou-se que as amostras não se partiram totalmente do entalhe devido à elevada ductilidade da amostra de liga de alumínio. O resultado obtido após o ensaio da placa de base foi o seguinte: o metal de base tem uma resistência ao impacto de 13 Joule, que diminuiu subsequentemente na primeira passagem para 10 Joule, na segunda passagem a resistência aumentou mais de 1st amostra de passagem para 11 Joule e na terceira passagem a amostra aumentou ligeiramente para 12 Joule. O resultado obtido mostrou que a resistência ao impacto não melhorou muito em comparação com o metal de base. A comparação dos resultados é apresentada no gráfico seguinte.

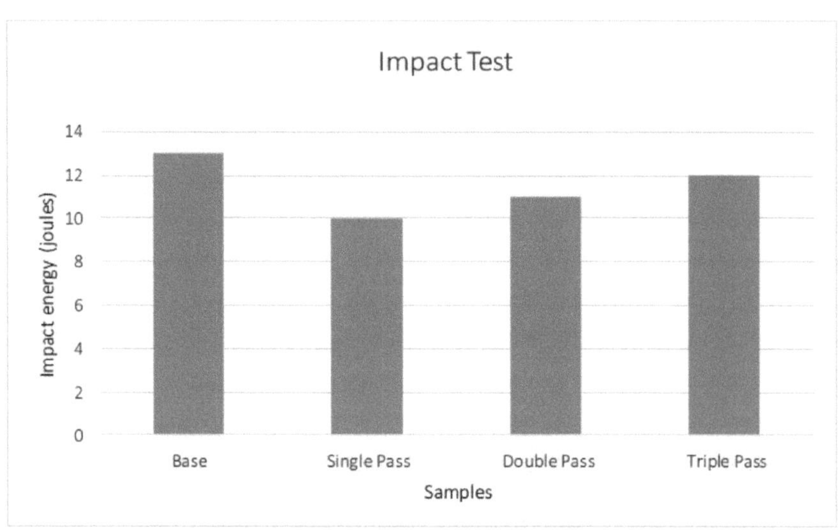

A figura 4.5 mostra a comparação entre a resistência ao impacto

CAPÍTULO 5

CONCLUSÃO E RECOMENDAÇÕES

A partir do estudo acima referido, conclui-se que o FSP mutipass efectuou o AL6063, com um pequeno aumento da dureza que depende da microestrutura das amostras, uma vez que o resultado mostrou que o FSP triple pass apresentou melhores resultados do que o metal de base e as amostras de primeiro e segundo pass. A microdureza aumentou para 62 Hv. A amostra FSP de tripla passagem mostrou uma liga de siliceto muito fina e uniformemente distribuída numa matriz de alumínio, sem qualquer fissura, em comparação com as amostras de passagem simples, dupla passagem, metal de base, que também tem uma microestrutura grosseira, e a segunda passagem tem silicetos finamente distribuídos, mas não uniformes. A microestrutura de uma só passagem apresentou alguns defeitos superficiais com uma distribuição de silicetos descontínua. Assim, a microdureza está diretamente relacionada com a microestrutura fina com silicetos uniformemente distribuídos na matriz de alumínio.

A resistência ao impacto não registou qualquer melhoria, a resistência ao impacto da amostra com FSP diminuiu em comparação com o metal de base.

5.1 Âmbito do trabalho futuro:

- A variabilidade dos parâmetros de maquinagem, como a velocidade e o avanço, pode ser alterada.
- Podem ser utilizados diferentes perfis de ferramentas para efetuar a passagem múltipla.
- O Al6063 pode ser incorporado com partículas ou pó de sic ou magnésio e pode ser efectuado um FSP multipasse.
- O FSP pode ser efectuado após uma passagem subsequente, devendo o material ser deixado arrefecer à temperatura ambiente e, em seguida, pode ser efectuada outra passagem.
- Podem ser realizados outros ensaios, como ensaios de tração, microscopia eletrónica de varrimento, XRD, desgaste e corrosão.
- Pode ser aplicado em diferentes materiais como cobre, aço, ferro.

REFERÊNCIAS

- A.Yazdipoura, A. Shafiei Mc, K. Dehghanib; *"Modelação da evolução microestrutural e efeito da taxa de arrefecimento nos nanogrãos formados durante o processamento por fricção de Al5083".* Ciência e Engenharia dos Materiais A 527 (2009) 192-197

- A. Devaraju , A. Kumar, A. Kumaraswamy , B. Kotiveerachari *"Influência dos reforços (SiC e Al2O3) e da velocidade de rotação no desgaste e nas propriedades mecânicas dos compósitos híbridos de superfície à base de liga de alumínio 6061-T6 produzidos através do processamento por fricção"* Materials and Design 51 (2013) 331 -341

- Adem Kurt, Ilyas Uygur, Eren Cete *"Surface modification of aluminium by friction stir processing" (Modificação da superfície do alumínio por processamento por fricção)* Journal of Materials Processing Technology 211 (2011) 313-317

- B.Zahmatkesh, M.H. Enayati, F. Karimzadeh. *"Avaliação tribológica e microestrutural da liga A12024 processada por agitação por fricção".* Materiais e Design 31 (2010) 4891-4896

- B. Zahmatkesh, M.H. Enayati; *"A novel approach for development of surface nanocomposite by friction stir processing"* Materials Science and Engineering (2010)

- B.M. Darras, M.K. Khraisheh. F.K. Abu-Farha, M.A. Omar; *"Friction stir processing of commercial AZ31 magnesium alloy".* Journal of Materials Processing Technology 191 (2007) 77-81

- C.F. Chen, P.W. Kao, L.W. Chang e N.J. Ho *"Effect of Processing Parameters on Microstructure and Mechanical Properties of an Al-Al11Ce3-Al2O3 In-Situ Composite Produced by Friction Stir Processing"* DOI: 10.1007/s11661-009-0115-8 The Minerals, Metals & Materials Society and ASM International 2009

- C. I. Chang Y. N. Wang H. R. Pei, C. J. Lee, X. H. Du, J. C. Huang *"Microstructure and Mechanical Properties of Nano-ZrO2 and Nano-SiO2 Particulate Reinforced AZ31-Mg Based Composites Fabricated by Friction Stir Processing"* Key Engineering Materials Vol. 351 (2007) pp. 114-119

- C.I. Chang,a X.H. Dua,b e J.C. Huang; *"Producing nanograined microstructure in Mg--Al--Zn alloy by two-step friction stir processing"* Scripta Materialia 59 (2008) 356-359

- C.J. Hsu, P.W. Kao , N.J. Ho *"Ultrafine-grained Al--Al2Cu composite produced in situ by friction stir processing"* Scripta Materialia 53 (2005) 341-345

- C.J. Hsu, C.Y. Chang, P.W. Kao, N.J. Ho, C.P. Chang; *"Nanocompósitos Al-Al3-Ti produzidos in situ por processamento por fricção".* Ata Materialia 54 (2006) 5241-5249

- C.J. Hsu, P.W. Kao, N.J. Ho; *"Compósitos de matriz de alumínio reforçados com intermetálicos produzidos in situ por processamento por fricção"*. Materials Letters 61 (2007) 1315-1318

- Charit I, Mishra R.S *"High strain rate super plasticity in a commercial 2024 Al alloy via friction stir processing"*. Mater Eng A pp 290-6 (2010)

- Chen Ti-ju, Zhu Zhan-ming, LI Yuan-dong, Ma Ying, Hao Yuan *"Friction stir processing of thixoformed AZ91D magnesium alloy and fabrication of Al-rich surface"* Trans.Non-ferrous Met. Soc. China 20(2010) 34-42

- Devaraju Aruri , Adepu Kumar& B Kotiveerachary *"Effect of III-Pass on Microstructure, Micro Hardness and Static Immersion Corrosion Resistance of AA6061-T6/SiCp Surface Composite Fabricated by Friction Stir Processing"* International Journal of Applied Research In Mechanical Engineering (IJARME), ISSN: 2231 -5950, Volume-1, Issue-2, 2011

- Dharmpal Deepak, Ripandeep Singh Sidhu, V.K Gupta; "*Preparação do compósito de superfície 5083 Al-SiC por processamento de fricção e sua caraterização mecânica*" Jornal Internacional de Engenharia Mecânica ISSN: 2277-7059 Volume 3 Edição 1 (janeiro de 2013)

- Don-Hyun CHOI, Yong-Hwan KIM, Byung-Wook AHN, Yong-I KIM, Seung-Boo JUNG; *"Microstructure and mechanical property of A356 based composite by friction stir processing"* Trans. Nonferrous Met. Soc. China 23(2013) 335-340

- Douglas C. Hofmann, Kenneth S. Vecchio; *"Thermal history analysis of friction stir processed and submerged friction stir processed aluminium"*. Ciência e Engenharia dos Materiais A 465 (2007) 165-175

- DU XingHao & WU BaoLin; *"Utilizando o processamento por fricção de duas passagens para produzir uma microestrutura nanocristalina na liga de magnésio AZ61". Sci China Ser E-Tech Sci* | Jun. 2009 | vol. 52 | no. 6 | 1751-1755

- Essam R.I. Mahmouda, Makoto Takahashi, Toshiya Shibayanagi, Kenji Ikeuchi "Wear *characteristics of surface-hybrid-MMCs layer fabricated on aluminium plate by friction stir processing"* Wear 268 (2010) 1111-1121

- F.C. Liu, B.L. Xiao, K. Wang, Z.Y. Ma *"Investigation of superplasticity in friction stir processed 2219Al alloy"* Materials Science and Engineering A 527 (2010) 41914196

- H.R. Akramifard, M. Shamanian, M. Sabbaghian, M. Esmailzadeh; *"Microestrutura e propriedades mecânicas do compósito de matriz metálica Cu/SiC fabricado através do processamento por fricção"* Materials and Design 54 (2014) 838-844.

- Hsiang-Ching Chen *"Effects of Friction Stir Process and Stabilizing Heat Treatment on the Tensile and Punch-Shear Properties of Mg9Li2Al1Zn Magnesium Alloy"* Materials Transactions, Vol. 54, No. 4 (2013) pp. 505 a 511

- I.S. Lee, P.W. Kao, N.J. Ho; *"Microestrutura e propriedades mecânicas do nanocompósito Al-Fe in situ produzido por processamento por fricção"*. Intermetálicos 16 (2008) 1104-1108
- Jian-Qing Su, Tracy W. Nelson, Colin J. Sterling *"Microstructure evolution during FSP of high strength aluminium alloys""* Ciência e Engenharia dos Materiais A 405 (2005) 277-286
- K. Elangovan & V. Balasubramanian & M. Valliappan; *"Influências do perfil do pino da ferramenta e da força axial na formação da zona de processamento por fricção na liga de alumínio AA6061"*. Int J Adv Manuf Technol (2008) 38:285-295
- K.M.Ramesh, S.Pradeep, Vivek Pancholi *"Multipass Friction Stir Processing e o seu efeito nas propriedades mecânicas da liga de alumínio 5086"* The minerals, Metals and materials society and ASM international 2012
- K. Sun, Q.Y. Shi, Y.J. Sun, G.Q. Chen *"Microestrutura e propriedades mecânicas de compósitos de Mg de alta resistência reforçados com nano-SiCp produzidos por processamento por fricção"* Materials Science and Engineering A 547 (2012) 32- 37
- K. Surekha, B.S. Murty, K. Prasad Rao; *"Caracterização microestrutural e comportamento de corrosão da liga de alumínio AA2219 processada por fricção multipasse"*. Ciências do Estado Sólido 11 (2009) 907-917
- L. Karthikeyan, V.S. Senthilkumar, K.A. Padmanabhan *"On the role of process variables in the friction stir processing of cast aluminium A319 alloy""* Materials and Design 31 (2010) 761-771
- Liming Ke, Chunping Huanga,b, Li Xinga, Kehui Huanga; *"Al-Ni intermetallic composites produced in situ by friction stir processing"*. Journal of Alloys and Compounds S0925-8388(10)01189-8 2010.
- M.Puviyarasan, C.Praveen *"Fabrico e análise de compósitos de matriz metálica de alumínio reforçados com SiCp a granel utilizando o processo Friction Stir""* Academia Mundial de Ciências, Engenharia e Tecnologia 58 2011
- Manisha Dixit, Joseph W. Newkirk e Rajiv S. Mishra; *"Properties of friction stir- processed Al 1100-NiTi composite"*. Scripta Materialia 56 (2007) 541-544
- N. Sun e D. Apelian *"Friction Stir Processing of Aluminium Cast Alloys for High Performance Applications" (Processamento de ligas de alumínio fundido por fricção para aplicações de elevado desempenho)* JOM - novembro de 2011
- P. Cavalierea, A. Squillace; *"High temperature deformation of friction stir processed 7075*

aluminium alloy". Materials Characterization 55 (2005) 136- 142

- P. Cavaliere , P.P. De Marco; *"Superplastic behaviour of friction stir processed AZ91 magnesium alloy produced by high pressure die cast"* Journal of Materials Processing Technology 184 (2007) 77-83
- R.S. Mishra, Z.Y. M *"Friction stir welding and processing"* Materials Science and Engineering R 50 (2005) 1-78
- Ranjit Bauri, Devinder Yadav, G. Suhas *"Effect of friction stir processing (FSP) on microstructure and properties of Al-TiC in situ composite""* Ciência e Engenharia dos Materiais A 528 (2011) 4732-4739
- S.R. Anvari , F.Karimzadeh, M.H.Enayati *"Características de desgaste da camada nano-compósita de superfície Al-Cr-O fabricada em placa Al 6061 por processamento por fricção"* Wear 304(2013)144-151
- Scott F *"New friction stir techniques for dissimilar materials processing* " Manufacturing Letters 1 (2013) 21 -24
- Srinivasan Swaminathan, Keiichiro oh-ishi, Alexander P.zhilyaev, Christian B. Fuller, Blair London, Murray W.mahoney, Terry R. Mcnelley *"Peak Stir Zone Temperatures during Friction Stir Processing"* The Minerals, Metals & Materials Society and ASM International 2009
- Tanya L.Giles, Keiichiro oh-ishi, Alexander P.zhilyaev, Christian B. Fuller, Blair London, Murray W.mahoney, Terry R. Mcnelley; *"The Effect of Friction Stir Processing on the Microstructure and Mechanical Properties of an Aluminium Lithium Alloy".* Metallurgical and Materials Transactions a Volume 40A, janeiro de 2009
- Terry Khaled *"An outsider look at friction stir welding"* ANM-112N-05-06 (julho de 2005)
- Y.S.Sato, S.H.C.Park, A.Matsunaga, A,.Honda, H.Kokawa *"Novel production for highly formable Mg alloy plate"* Journal of material science 40 (2005) 637- 642
- Y. Morisada, H. Fujii , T. Mizuna, G. Abeb, T. Nagaoka, M. Fukusumi *"Nanostructured tool steel fabricated by combination of laser melting and friction stir processing"* Materials Science and Engineering A 505 (2009) 157-162
- Y. Morisada, H. Fuji, T. Nagoya, M. Fukusumi *"MWCNTs/AZ31 surface composites fabricated by friction stir processing"* Materials Science and Engineering a 419 (2006)

344-348.

- Yong X. Gan, Daniel Solomon e Michael Reinbolt *"Friction Stir Processing of Particle*

Reinforced Composite Materials " *Materials* 2010, *3,* 329-350; doi:10.3390/ma3010329

• Yupei Jiang, Xuyue Yang, Hiromi Miura e Taku Sakai *"Liga de magnésio reforçada com partículas de Nano-SiO2 produzida por processamento por fricção"* Rev. Adv. Mater.Sci.33(2013) 29-32

• Z.Y. Ma. *Tecnologia de Processamento por Fricção: Uma revisão.* Sociedade de Minerais, Metais e Materiais e ASM International 2008

• *http://en.wikipedia.org/wiki/Friction_stir_processing*

• *http://www.esabna.com/us/en/education/knowledge/qa/what-is-friction-stir-welding-of-aluminium.cfm*

Printed by Books on Demand GmbH, Norderstedt / Germany